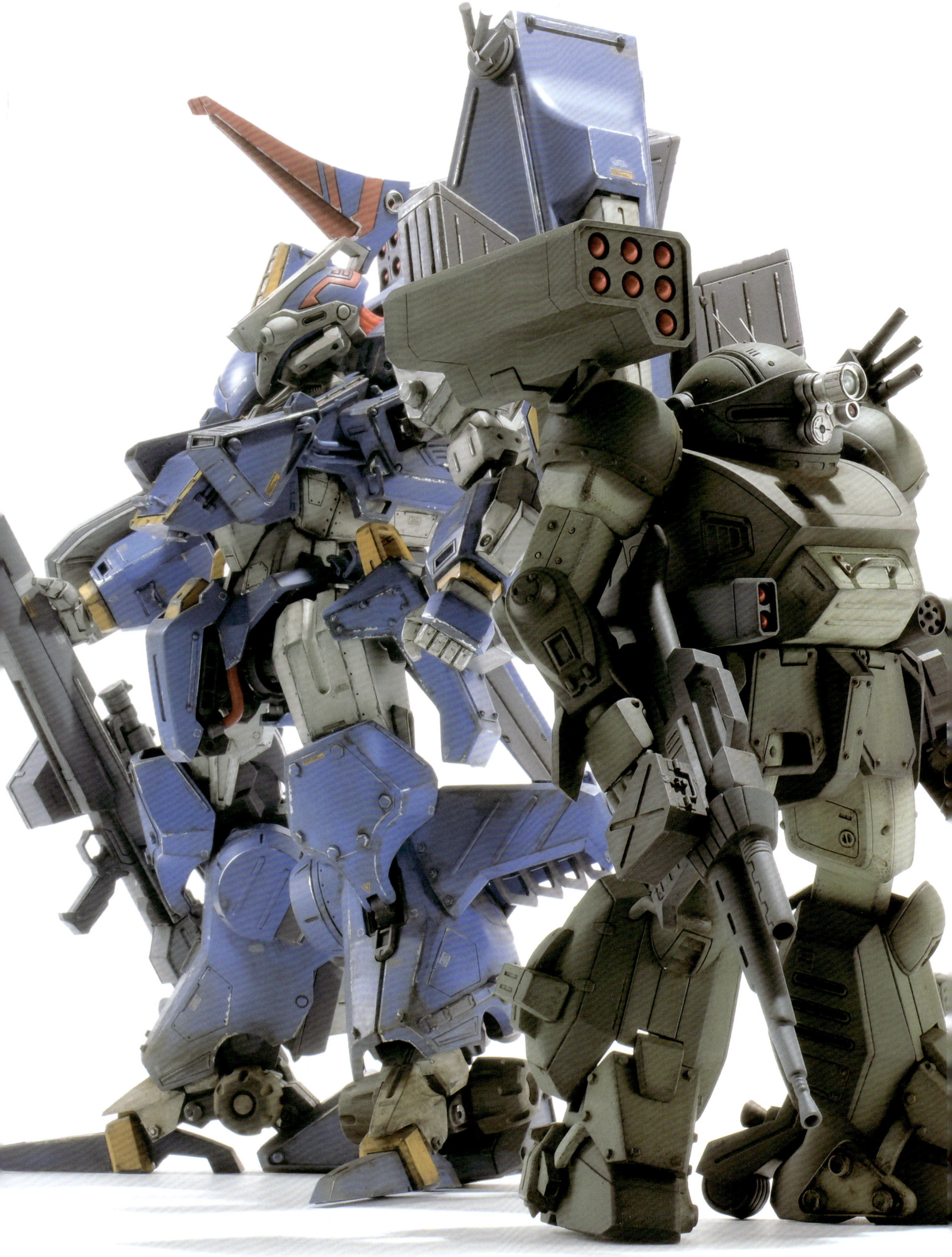

裝甲騎兵模型樂趣無窮

「傾力特輯」

裝甲騎兵波德姆茲 × 青之騎士BERSERGA物語

自1983年於電視上首播後，時光已匆匆地過了40年之久。但《裝甲騎兵波德姆茲》系列在無數玩家心中點燃的火焰至今仍在熊熊燃燒著。不僅2020年3月時在JR（日本鐵路）稻城長沼站設置了眼鏡鬥犬紀念立像，WAVE公司的1／35比例套件也順利地在擴充產品陣容，BANDAI CANDY事業部更是致力於透過超級迷你模型系列推出《青之騎士BERSERGA物語》系列的商品。就連在各式模型作品展中亦是參與數量眾多的熱門題材。因此本特輯將帶領各位更深入地享受無窮樂趣的《裝甲騎兵》模型世界，而且會以比平常更多的篇幅徹底追求其魅力所在。此乃來自遙遠的阿斯特拉基斯銀河，獻給所有熱血波德姆茲愛好者們的模型讚歌。您會得到一切抑或墜入地獄中呢？

©サンライズ
©サンライズ　協力：伸童社

ARMORED TROOPER

AT裝甲騎兵究竟為何？
改變了阿斯特拉基斯銀河歷史的機動步兵誕生

人型兵器AT究竟是什麼樣的兵器？
透過分析它的特徵，即可明白AT為何能成為阿斯特拉基斯銀河的標準兵器。（解說 編撰統籌／河合宏之）

性能不算過於高超，也不會太過萬能，正是AT的首要優點

AT（裝甲騎兵）乃是阿斯特拉基斯銀河爆發第三次銀河大戰（百年戰爭）時，在末期投入戰場的4m尺寸人型機動兵器。基爾加梅斯陣營的主星梅爾基亞研發出這種兵器後，就連巴拉蘭特陣營也看中了它的出色之處。於是在百年戰爭末期時，AT以雙方陣營主力兵器的形式投入戰場。若是要列舉AT的優點，那就屬具備還算不錯的武裝和移動範圍，以及能夠在城鎮內運用自如的尺寸了吧。再加上能透過與車輛相近的形式進行生產，更具備了就算在前線也能進行整備的高度運用性，這些都被認為是AT得以爆發性地普及的理由所在。這種人型兵器所擁有的諸多特徵，促使大規模戰爭逐漸轉變為資源爭奪戰，這確實也與百年戰爭末期的狀況一致。話雖如此，AT並非萬能兵器，在某些情況下甚至無從和戰車跟戰鬥直昇機這些傳統兵器相抗衡，這也是無從否認的事實。換句話說，AT其實是一種用來擴充步兵能力的兵器，也正因為能夠涵蓋的範圍相當廣泛，所以才會被視為非常便於使用的兵器，進而普及到各地的戰場上。

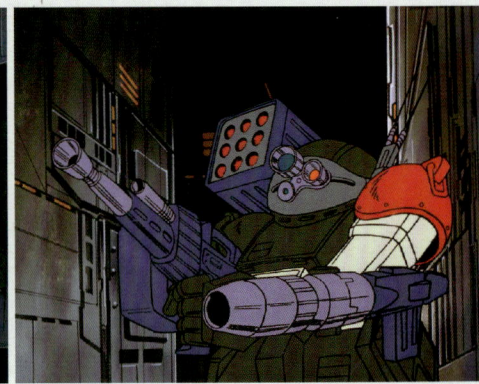

ATM-09-ST 眼鏡鬥犬

這是基爾加梅斯軍的中量級AT，為最普及的機種，有著諸多衍生機型，可說是最標準的AT。擁有許多種能對應不同環境的選配式裝備。齊力可本身也基於已經操作慣了的理由，就連在庫棉也是使用沼地鬥犬，選擇駕駛眼鏡鬥犬系列機型的例子並不罕見。

AT的機能

① 轉盤鏡頭

AT眼睛的頭部轉盤鏡頭上設有標準變焦、廣角、精密瞄準這3種鏡頭，因此可因應情況選擇使用。巴拉蘭特製機種就並非只有這種設計，例如，肥仔就是採用單眼鏡頭。

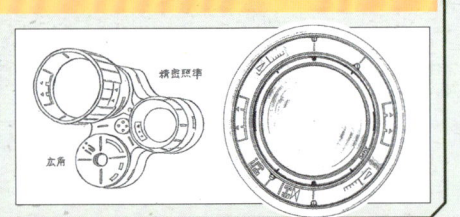

② 駕駛艙

由於AT的肌肉汽缸本身是動力源所在，因此在這個全高僅4m的小巧機體中，身體幾乎是整個作為駕駛艙的。話雖如此，內部非常狹窄，就連AT的頭部也是直接罩在駕駛員頭上。而且AT的裝甲厚度不如戰車，光是被重機關槍或貫擊拳直接命中就有可能造成致命傷。
操縱方法除了已輸入基本動作的行動指令碟片之外，還要靠設有2跟操縱桿的可變式操縱臺，以及2片踏板進行修正操作。另外，AT的轉盤鏡頭會連接至駕駛員頭部護目鏡上，藉此將資訊直接投影到護目鏡裡。

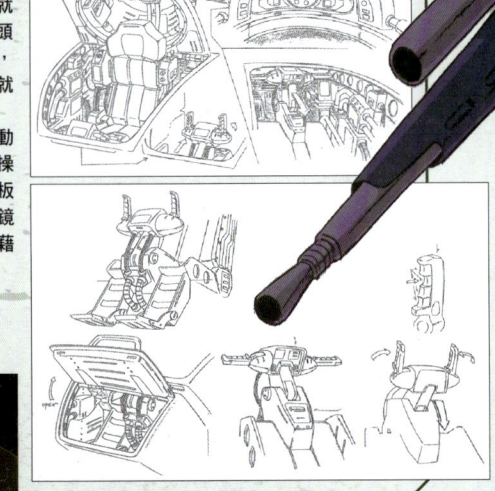

③ 乘降

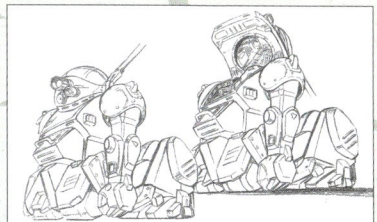

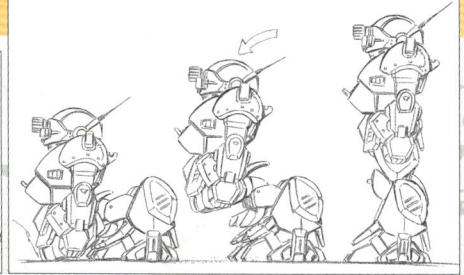

這種將腿部摺疊起來的姿勢是使用在供駕駛員搭乘或運輸之類情況時。另外，在空降等行動中若是遇上光靠腿部懸吊系統不足以吸收衝擊的狀況，那麼亦會一併啟動乘降機關作為輔助。在不需要步行的作戰中，甚至會搭配鬥犬載具這類將乘降姿勢本身納入機能一環的選配式裝備使用。

④ 肌肉汽缸＆聚合物緩衝液

AT乃是以名為「肌肉汽缸」的人造肌肉作為動力源所在。AT的四肢等處均設有肌肉汽缸，裡頭還充滿了聚合物緩衝液。這種聚合物緩衝液會隨著傳遞電流信號產生生化學變化，促使肌肉汽缸做出如同肌肉般的收縮運動，進而驅動四肢。但聚合物緩衝液的壽命只有約200小時，可說是非常容易劣化的物質，必須定期更換才行。另外，它還有著非常不穩定的性質，隱藏著中彈時可能會被一併引燃導致爆炸的風險。

⑤ 貫擊拳

這是設置在AT臂部的格鬥戰裝備。能透過液體火藥式彈匣產生的爆壓讓前臂瞬間伸長，藉此打擊目標。視命中的部位而定，甚至具有足以令駕駛艙裡的駕駛員身負致命傷，或是直接癱瘓AT機能的威力。

類似的格鬥戰裝備

貫釘
主要配備在昆特製AT「狂戰士」的護盾上。能透過射出金屬樁來打擊目標。

鐵爪
這是狂犬和打擊鬥犬設置在左臂上的格鬥用裝備。和貫擊拳一樣，能透過瞬間伸長前端來打擊目標。

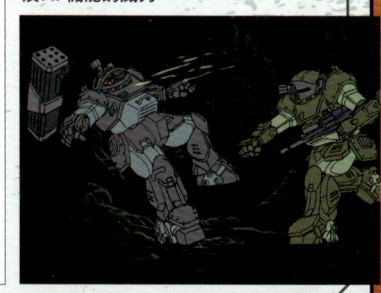

⑥ 滾輪衝刺

AT能藉由配備在腳部的無核心馬達式滑行輪做高機動行進。AT在運用上有著屬於人型，能憑藉雙足步行跨越崎嶇地形且靈活的優點。但相對而言，這在想要高速移動和擴大行動範圍時反而會成為缺點。滾輪衝刺不僅能解決這類移動上的問題，在戰鬥中亦能作為提高機動性的手段。

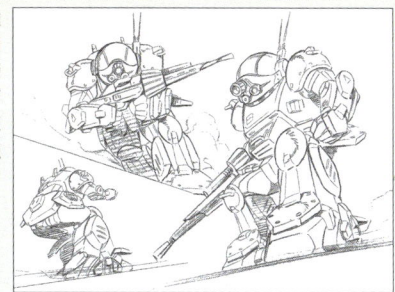

類似的機能

濕地滑行板
這是立龜和潛水甲蟲等機種使用的裝備，可說是AT版的「雪上鞋套」。可用來在庫棉這類一般滑行輪無從發揮機能的濕地環境進行高速移動。未使用時能往上掀起，並將其固定在小腿正面。

Options 主要選配式裝備

儘管AT起初是作為陸戰用兵器誕生的，卻能夠隨著搭載選配式裝備擴大行動範圍，得以不拘運用環境。尤其是以空降行動用降落傘背包和太空用高機動組件為首的選配式裝備，更是讓具備出色通用性的眼鏡鬥犬這種AT能在各種戰場上大顯身手。

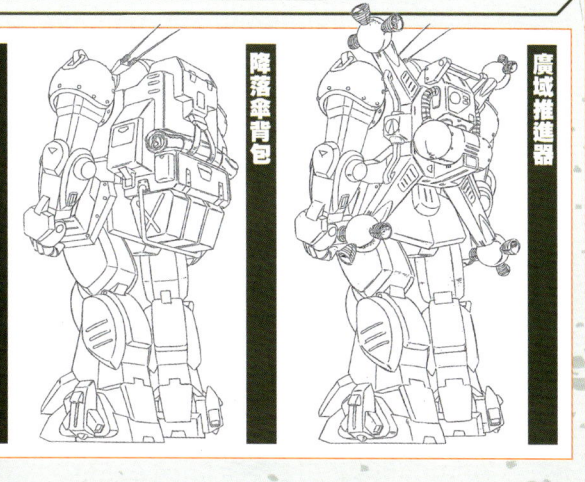

降落傘背包
廣域推進器

Weapons 主要武裝

關於人型的優點，正屬可以使用豐富武裝一事。對於能夠靈活運用的AT來說，更換武裝更是足以對應各式任務的需求。

GTA-22 重機關槍
這是作為眼鏡鬥犬基本裝備的30mm重機關槍。可因應任務需求更換為短槍管式。

GAT-35 能量砲
在AT可攜帶的武器中，具有最強大火力的大型反艦砲。但也因為威力驚人，所以必須花費時間蓄能才可以發射的缺點。

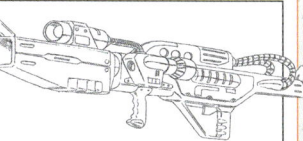

GAT-49 min 五式手槍
尺寸小巧輕盈的手槍。雖然裝彈數不多，但就特徵來說很適合供執行特殊任務或空降用AT配備。

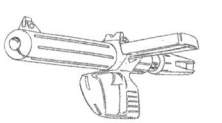

SAT-03 重火力砲
這是眼鏡鬥犬的標準裝備之一。儘管就威力來說比重機關槍強，但在反AT作戰中使用起來的便利性略遜重機關槍一籌。

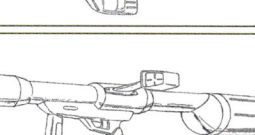

007

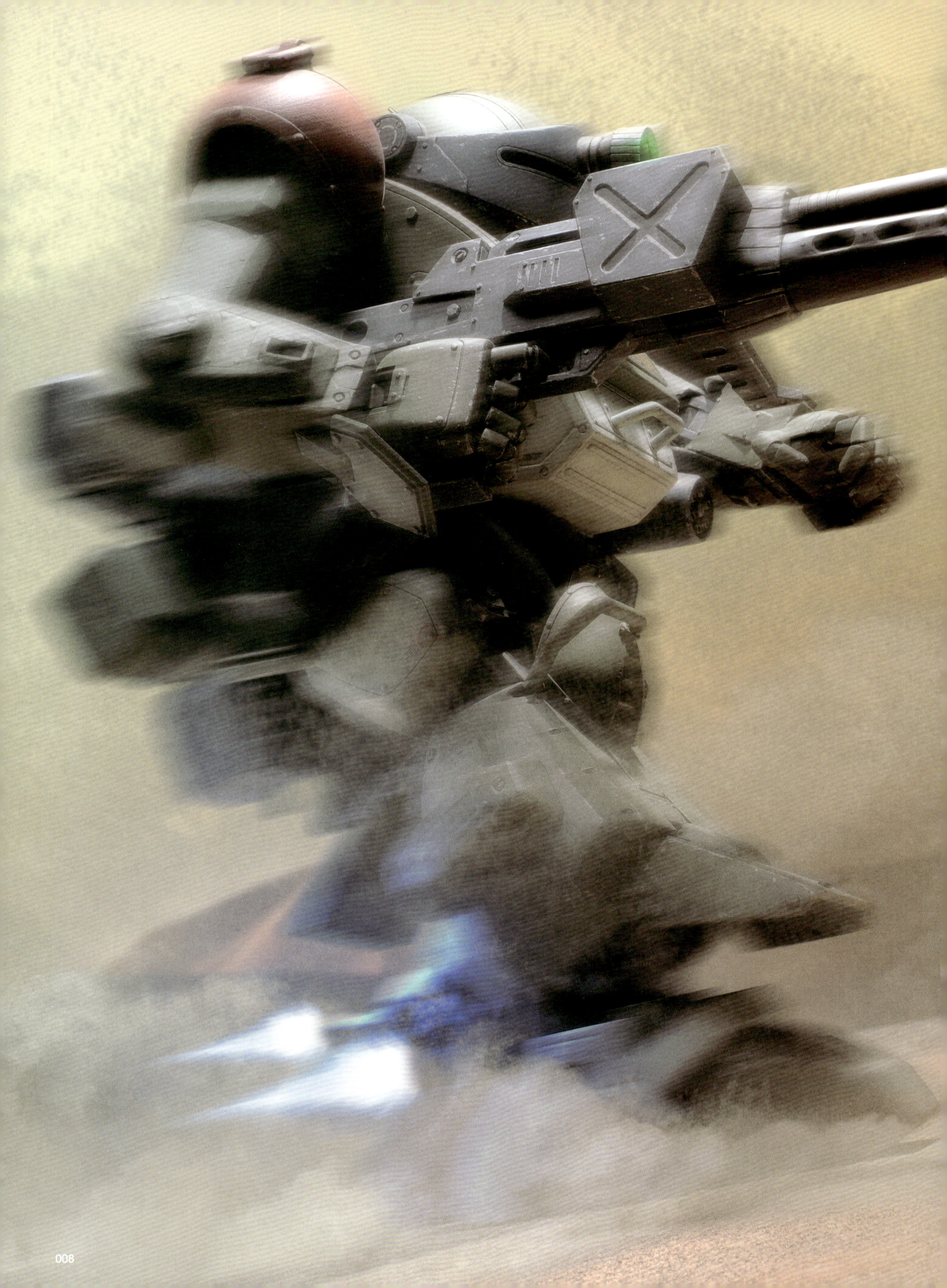

ATM-09-STTC SCOPEDOG TURBO CUSTOM CHIRICO use

將傑作套件
採用全面添加細部修飾的手法來完成

為範例部分打頭陣的，正是BANDAI SPIRITS模型玩具事業部推出的1/20比例眼鏡鬥犬 渦輪特裝型。這是為一般販售的普通版眼鏡鬥犬追加渦輪特裝型用腿部和武裝而成，在此更是進一步搭配了能自由選擇組裝成從齊力可座機莫屬。擔綱製作者乃機之一的擴充配件組。而範例中打算呈現的，當然非齊力可座機莫屬。擔綱製作者乃是有著「尖兵」稱號的木村直貴。這次是木村先生首度在HJ科幻模型精選集大顯身手，他將採用全面添加細部修飾的手法把這款渦輪特裝型給製作完成。

BANDAI SPIRITS 1/20比例 塑膠套件
ATM-09-STTC
眼鏡鬥犬 渦輪特裝型
桑薩載 齊力可座機

製作・文/木村直貴

BANDAI SPIRITS 1/20 scale plastic kit
ATM-09-STTC SCOPEDOG TURBO CUSTOM CHIRICO use
modeled&described by Naoki KIMURA

桑薩行星

装甲騎兵波德姆茲 / ARMORED TROOPER VOTOMS

ATM-09-STTC
SCOPEDOG
TURBO CUSTOM
CHIRICO use

◀就某方面來說,桑薩戰規格的妙趣就在於背面照片。用鏈條掛載在任務背包上的各種裝備品相當引人注目。

▶體型幾乎完全未經修改，但全身各處都追加了螺栓，以及摩擦造成的銀色掉漆痕跡，使得視覺資訊獲得了大幅提昇。塗裝成較暗沉的配色後，亦給人頗具重量感且沉穩的印象。

装甲騎兵波德姆茲 ARMORED TROOPER VOTOMS

▲齊力可的站姿、坐姿模型也都添加了細部修飾。兩種姿勢均將從前臂後側延伸出來的管線削掉，改用透過加熱廢棄框架拉出的塑膠絲（加熱拉絲法）重製。站姿版還將靴子側面的圓形結構換成市售改造零件，破甲槍的槍套也用塑膠材料追加了扣帶。坐姿版本則是用加熱拉絲法追加了從護目鏡延伸出來的管線。

▶駕駛艙內也追加了螺栓狀細部結構。在齊力可腳邊還備有3天量的糧食和水。這部分是裝在紙製的野戰口糧紙箱裡。

◀▶ 重機關槍是藉由前握把黏貼塑膠板加以補強。手持式火箭發射器和手槍也配合全身的製作風格追加了螺栓狀細部結構。

▼ 腿部追加螺栓狀細部結構，為了提高腳底的貼地性起見，因此將踝關節的合葉狀零件給削薄，並且上下顛倒組裝。

裝甲騎兵波德姆茲

ARMORED TROOPER VOTOMS

013

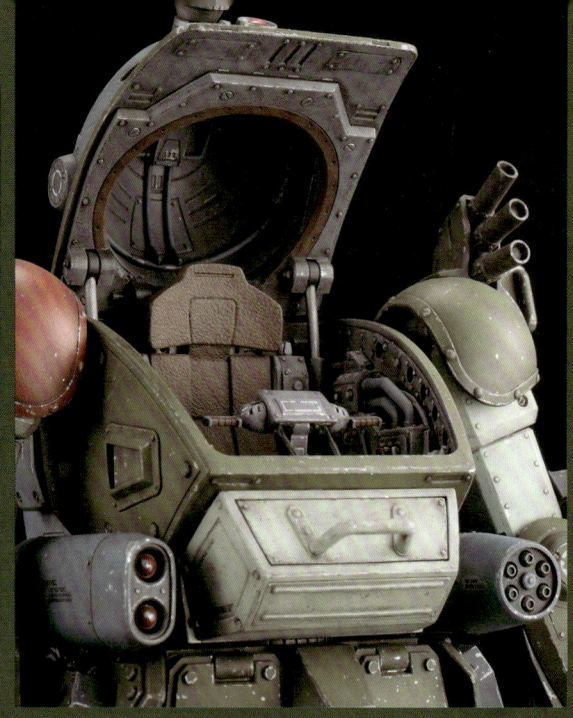

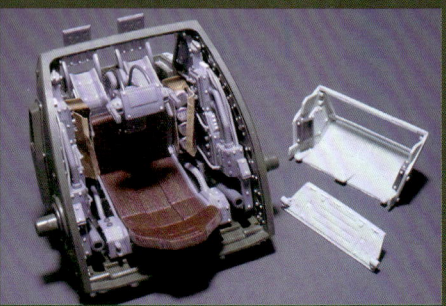

▼▶這是乘降姿勢。即使掛載著各式裝備品也仍能直接擺出乘降姿勢。

◀▲駕駛艙內用極細單芯線追加了纜線以及跨接線。而艙蓋內側也追加了細部的結構。

■其實我非常喜歡裝甲騎兵喔！
　這是我第一次擔綱製作裝甲騎兵的範例！裝甲騎兵的機體可說是擬真系機器人顛峰之作，有著充滿十足機械感的設計，完全不具英雄風格的粗壯體型、只設置了鏡頭的無表情臉孔，深綠色系的暗沉機體配色，散發著充滿現實氣息的存在感。另外，滾輪衝刺、貫擊拳、乘降機關等機能亦顯得十分合理而洋溢著絕妙魅力，幾乎都是正中機械派玩家胃口的設定呢。不僅如此，在動畫裡動起來的模樣更是令人感動萬分，利用滾輪衝刺做出的旋轉行動，以及四肢的連帶動作等表現，搭配上充滿說服力的音效，真是讓人看得過癮、聽得悅耳呢。

　這件範例的眼鏡鬥犬 渦輪特裝型（以下簡稱為TC）是在OVA作品《紅肩隊記錄 野心的根源》尾聲登場。與敵方AT群展開大混戰後，又與長官黎曼少校爆發了荒唐無稽的戰鬥，即便機體已經滿目瘡痍也仍持續奮戰的模樣，實在令我印象深刻極了。這個機型的特徵，正在於用鏈條在背後掛載了備用燃料槽、備用彈匣，以及毛毯等長期作戰用的裝備，而且每名隊員還攜帶了不同武器，這些都是展現了絕佳魅力的設定呢。

■向名作套件挑戰～
　話說這款套件是前些年透過PREMIUM BANDAI發售的，內容是以2007年推出的眼鏡鬥犬為基礎，追加TC用零件和裝備品而成的大分量套件。不僅設想到能根據個人喜好透過替換組裝的方式調整體型，在機關面上也相當完美，是一款會讓職業模型師想哭出來的精湛套件。畢竟實在找不出到底哪裡還有動手修改的餘地呢。

因此這款套件基本上需要修正的地方非常少。
・為了提高腳底的貼地性起見，因此將踝關節的合葉狀零件給削薄，並且上下顛倒組裝。
・對頭部面罩內側零件的下緣進行削磨，以便能稍微做出類似收下巴的動作。
・將天線改用金屬線（昆蟲標本針）重製。
・將左肩處煙幕彈發射器用塑膠管等材料重製。
・將手指從第二指節處削出楔形缺口，藉此將彎曲的角度調整得大一點。
・儘管駕駛艙裡已按照設定做出所有裝置和設備，但總覺得還是單調了點，因此增設了管線類和開關類等原創的構造。另外，還配合長期作戰用裝備的概念，在剩餘空間裡設置了裝在紙箱裡的駕駛員用糧食和水。

▲這是製作途中的全身照。由照片中可知,全身各處都點貼了拿經由加熱拉絲法製作的塑膠絲、細小塑膠圓棒所裁切出的圖片來添加螺栓狀細部結構。這方面要注意的是不要製作得過於醒目搶眼。

▲在任務背包所掛載的裝備品中,最上方是裝有懸吊物緩衝液或冷卻水的儲存槽,頂面還用市售改造零件追加了栓蓋。毛毯則是用電雕刀重新雕刻得更具立體感。

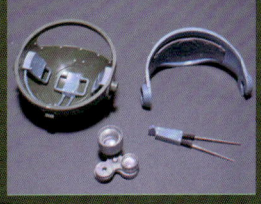

◀▲頭部天線改用削細的昆蟲標本針搭配彈簧管重製。面罩是將內側板形零件削薄約1 mm,藉此緩和會彼此卡住的問題,同時也便於稍微做出如同收下巴的動作。

◀儘管頭得領為內斂,但下半身也追加了細部結構。

▲將左肩處煙幕彈發射器用塑膠管等材料重製。手指則是從第二指節處削出模形缺口,以便改變角度重新黏合起來,藉此讓握拳的模形能顯得更為自然。

■ 以不起眼為前提多打一些上去!

最適合表現AT的細部結構的,是鉚釘與螺栓。而六角形螺栓頭遠看與圓頭無異,因此可用塑膠棒加加熱拉絲法製成的塑膠絲裁切成圖片代替。為了避免表面凹凸不平,黏貼後記得以砂紙打磨均勻。另外,要是尺寸做得太大,會帶點古風的世界觀顯得格格不入(笑)。因此建議適度縮小,並運用嵌入式設計與細節變化,增添層次感。

■ 齊力可搭乘的會是全新機體嗎?

這架機體是齊力可入隊後在桑薩戰才首度使用的,而且還是經過正規整備的軍用機,據此推測整體狀態應該和純粹的新機體沒兩樣才是。再加上動畫中也有出現過佩爾森閣下視察生產線的場面呢。但更深入思考之後會發現,齊力可搭乘的是否為全新機體實在很難說,因為紅肩隊的人數不少,再加上就故事內容來看,總覺得齊力可搞不好是搭乘前輩汰換下來的中古機體耶?(畢竟他不僅是新隊員,還是打算殺掉的對象……)。

基於前述理由,我決定製作成「在機能面上沒有問題,但到處都有些掉漆痕跡,屬於稍微使用了一段時間的舊機體」(唉,說穿了還是做成AT的標準表現風格嘛(笑)。

塗裝手法和之前在HOBBY JAPAN月刊上介紹過的範例(HG里歐)一樣。也就是先全面塗裝8號銀色,再疊塗機體色,最後以尖端工具刮除部分表層,露出底層銀色。之後拿用水稀釋的暗褐色壓克力水性漆(vallejo)施加水洗(清洗),並以加入黑色超級透明漆灰色調的噴筆斑狀噴塗,讓整體顯得更加沉穩。

儘管機體色變成了有點髒的色調,但姑且一下,原本使用的都是Mr.COLOR。
深綠=俄羅斯綠2+灰色(底漆補土)+紅色
灰白=灰綠色+中間藍+白色(底漆補土)
紅=紅色FS11136
淺藍=中間藍+灰色(底漆補土)

另外,武器和關節的灰色是拿gaia有色底漆補土調色而成。機身標誌是取自套件附屬的水貼紙,但可別忘了要弄得斑駁些,這樣看起來才會夠寫實!

木村值貴
無論是角色模型或比例套件等式題材都能勝任的全能模型師,為足以代表HJ的王牌作家,更是在和歌山縣的大正琴老師。

保留成形色的簡易製作法

繼木村直貴擔綱的全面塗裝範例之後，接著要介紹保留成形色的簡易製作法範例。BANDAI製1／20裝甲騎兵系列受惠於巧妙的零件分割設計，以及隱藏式注料口規格，因此幾乎沒有接合線和剪口會暴露在外，就連成形色也十分精湛，可說是十分適合採用簡易製作法來完成的套件呢。在此要以更加適合保留成形色採取簡易製作法的暗綠色版本眼鏡鬥犬II為題材，說明如何實踐這種手法。

使用BANDAI SPIRITS 1／20比例 塑膠套件
ATM-09-ST 眼鏡鬥犬［太空戰規格］

ATM-09-SA 眼鏡鬥犬II

製作・文／木村學

▶首先是將套件組裝起來，並且黏貼上所需的水貼紙。等水貼紙充分乾燥後，就用Mr. 超級柔順型消光透明漆噴塗覆蓋整體。雖然得視天候而定，但濕度太高時，透明漆可能會產生白化現象。遇到這種情況時不用緊張，只要等稍微乾燥後再重新噴塗，即可在某種程度內去除白化現象。

▲先用琺瑯漆施加水洗。接著是拿暗綠色加入少許消光白調出的綠色，藉由海綿增添掉漆痕跡。只要為稜邊、艙蓋邊緣，以及機身標誌等處添加掉漆痕跡，看起來就會很寫實。

▲水洗使用的塗料，先將Mr.舊化漆的地棕色和多功能黑以1：1調色，再進一步加入少許Mr.舊化漆 濾化液的岩壁綠調配而成。

▶拿稍微泡過專用溶劑的平筆將塗料整片塗抹在零件上，等塗料乾燥後，用沾取溶劑的棉花棒順著重力作用方向擦拭。只要刻意殘留一些汙漬的方式進行擦拭，看起來就會很有那麼一回事。

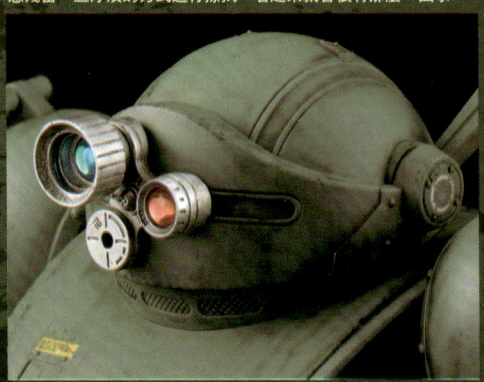

▲轉盤鏡頭是用銀色進行局部塗裝。接著也是用前述水洗塗料施加水洗＆入墨線。

▲讓掉漆痕跡與水洗效果順利地融為一體後，顯得更複雜的舊化表現就完成了。

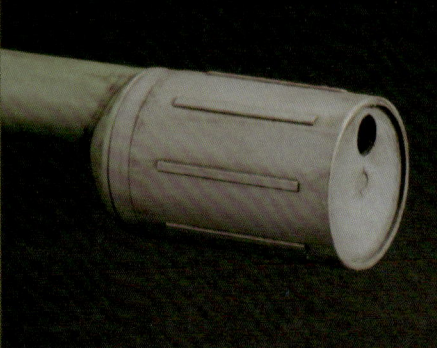

▲由於重火力砲只有單一成形色，因此用灰色顏料為後側施加分色塗裝。

ATM-09-SA
SCOPEDOG II

BANDAI SPIRITS 1/20 scale plastic kit
ATM-09-ST SCOPEDOG use
modeled & described by Manabu KIMURA

▲用gaiacolor琺瑯漆的紅鏽色為螺栓周圍添加鏽漬。另外以腳邊一帶為中心塗抹TAMIYA舊化大師B套組的鏽色，藉此進一步營造出久經使用的感覺。

装甲騎兵渡德展開

ARMORED TROOPER VOTOMS

烏德的幻影

施加 BANDAI 製 1／20 眼鏡鬥犬
不可或缺的經典表現手法

BANDAI SPIRITS 製 1／20 裝甲騎兵系列的第 3 作，正是幻影淑女，亦即菲亞娜所搭乘的 AT「獸犬」。這架機體是以 09-ST 為基礎改造為供 PS（完美士兵）使用的，以備有固定式重火器的 7 連裝格林機槍、鐵爪為特徵所在，即便是中量級機體，卻以能揮出如同重量級的威力為傲。這件範例所採取的經典表現手法，其實是源自在本書中也有十足活躍表現的野本憲一先生，除此之外，更藉由採用黑底塗裝法來營造出重量感。

BANDAI SPIRITS 1／20 比例 塑膠套件

ATM-09-GC
獸犬

製作・文／渡邊圭介

BANDAI SPIRITS 1/20 scale plastic kit
modeled&described by Keisuke WATANABE

ATM-09-GC
BRUTISHDOG

装甲騎兵波德姆茲

ARMORED TROOPER VOTOMS

019

ATM-09-GC BRUTISHDOG

▲ 7連裝格林機槍可裝填彈匣。可藉此營造出從MC背包取出彈匣裝填到格林機槍上的流程。鐵爪就算維持套件原樣也已經夠銳利的了。爪子本身亦可開闔。

020

装甲騎兵波德姆茲

ARMORED TROOPER VOTOMS

▲▶腳跟和腳底滑行輪備有滾輪衝刺機關,能發揮的機動力在06-ST之上。

021

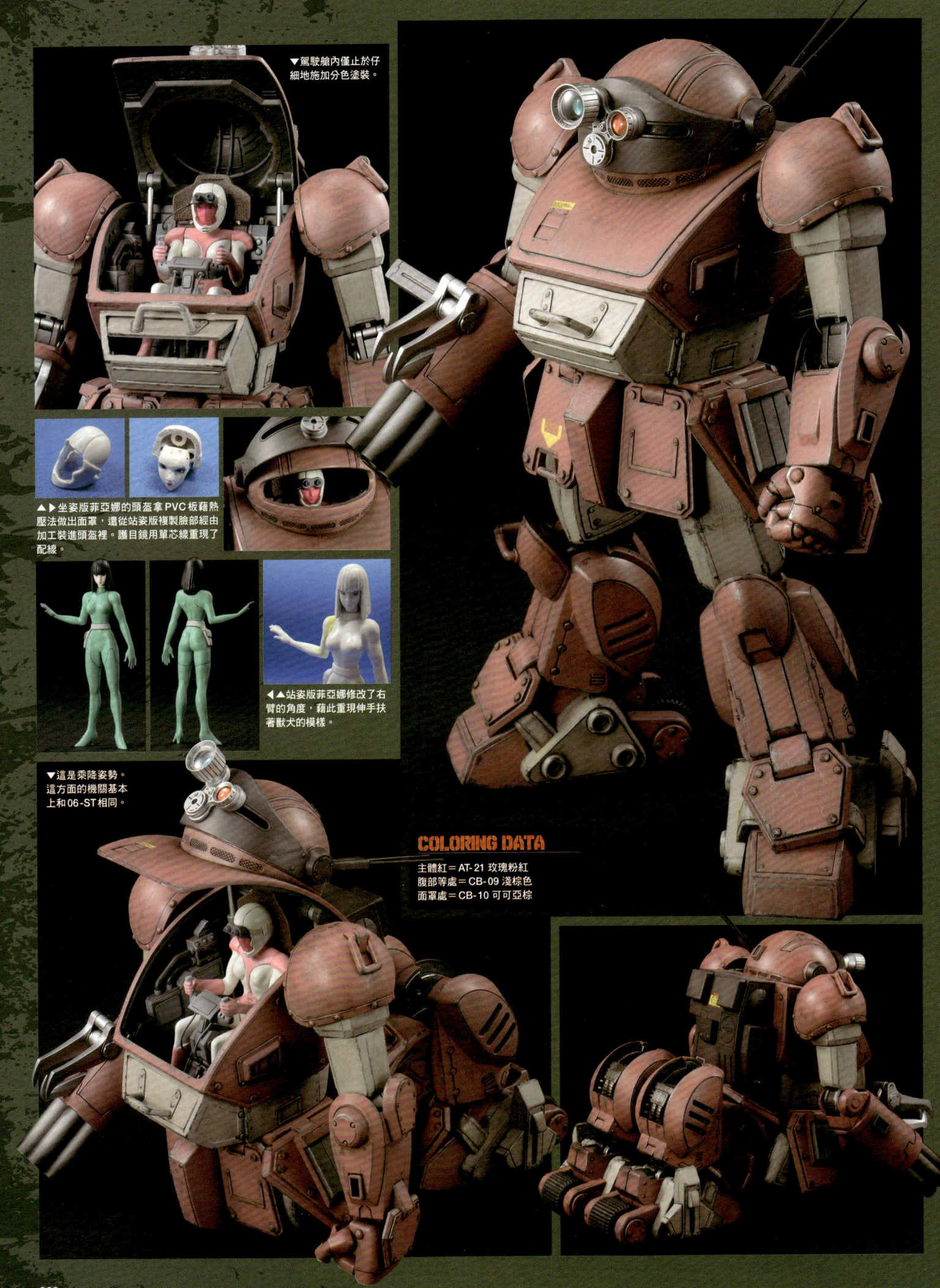

▼駕駛艙內僅止於仔細地施加分色塗裝。

▲▶坐姿版菲亞娜的頭盔拿PVC板藉熱壓法做出面罩。還從站姿版複製臉部經由加工裝進頭盔裡。護目鏡用單芯線重現了配線。

◀▲站姿版菲亞娜修改了右臂的角度，藉此重現伸手扶著獸犬的模樣。

▼這是乘降姿勢。這方面的機關基本上和06-ST相同。

COLORING DATA

主體紅 = AT-21 玫瑰粉紅
腹部等處 = CB-09 淺棕色
面罩處 = CB-10 可可亞棕

022

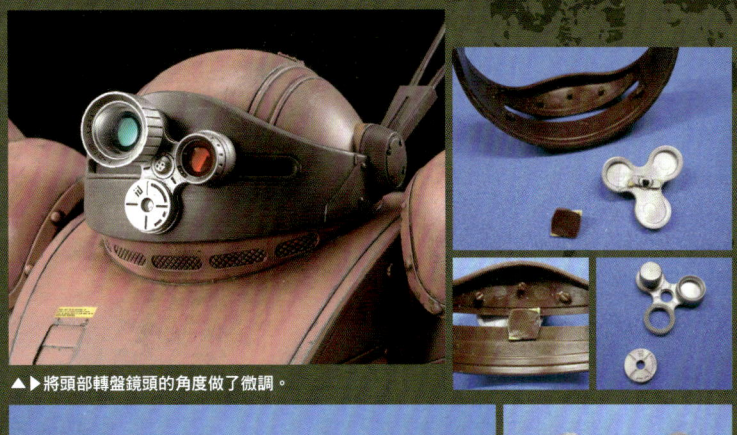

▲▶ 將頭部轉盤鏡頭的角度做了微調。

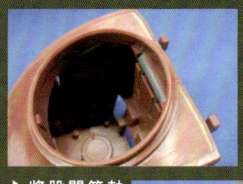

◀▲ 由於很在意駕駛艙蓋後側的縫隙，因此藉由黏貼塑膠板來減少縫隙。

▲ 連接軸維持原樣，讓肩膀位置稍低。將裝設肩甲用零件削掉2.5mm。上方照片的右肩是加工後，左肩維持原樣。既然肩甲稍微往下移了，那麼也得利用WAVE製塑膠輔助零件將連接軸往下延長，肩部零件藉黏貼塑膠板讓底面能低一點。

▶ 將股關節軸的區塊暫且分割開來，以便將軸棒往上移4mm後再重新黏合固定住。

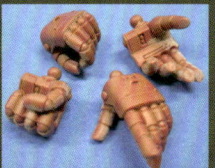

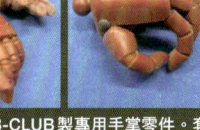

▲ 握拳與手掌取自B-CLUB製專用手掌零件。套件是將所有手指分割開來改為獨立可動式。市售改造零件重現了拇指根部後方的細部結構。

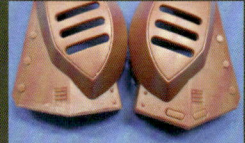

▲▶ 為了提高腳部的貼地性，因此將小腿內側的下擺削掉一些，並且處理成錐面狀。腳部則是把三角形區塊的頂點削掉，還有把會卡住骨架的外裝零件凸起部位給削掉。

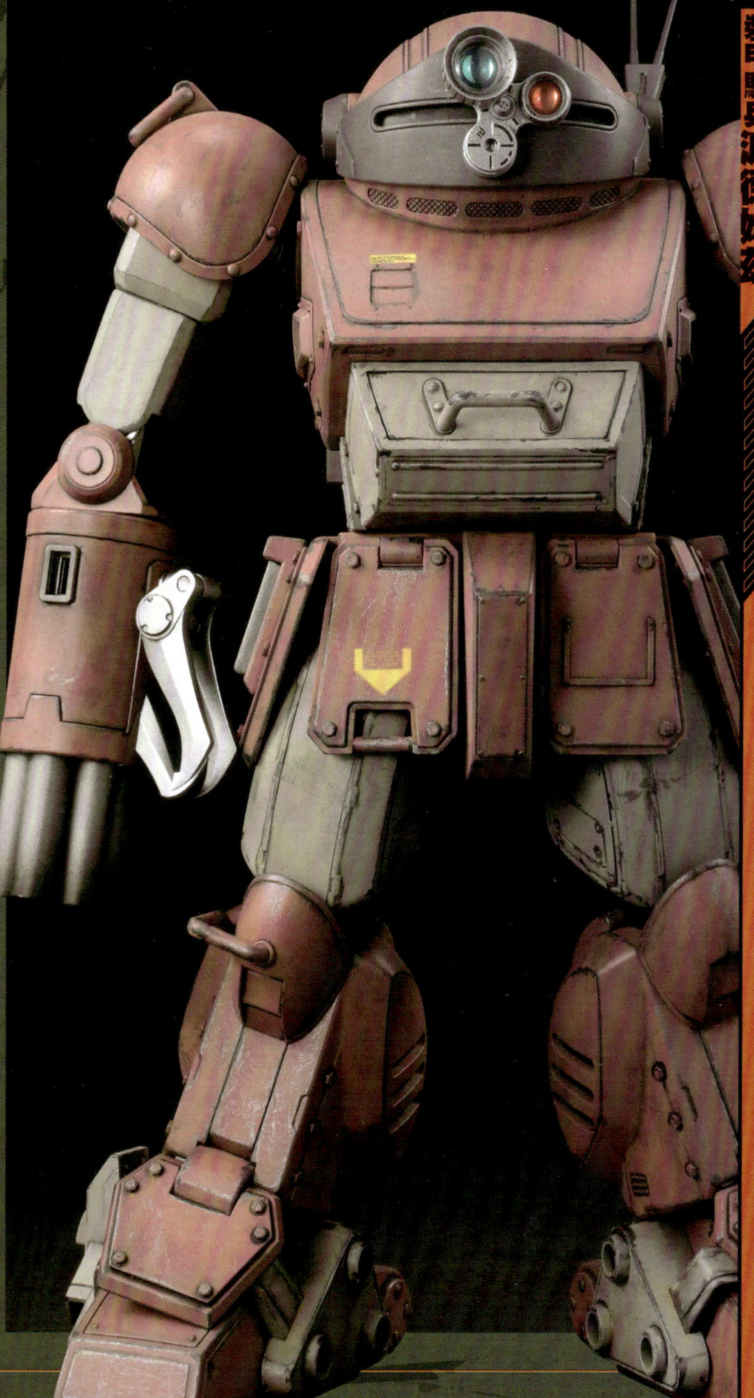

裝甲騎兵波德姆茲

ARMORED TROOPER VOTOMS

儘管問世已有10多年之久，但這款套件就算以現今的眼光來看也毫不遜色，它的分量感與存在感也依舊毫無改變。我之前從來沒製作過獸犬，這次正是個好機會。本次也比照了野本兄在當年發售時所採用的改造方法來製作。那些都是充分掌握住了重點，能夠發揮絕佳效果的改造方式，我個人也認為這已經算是正確解答了吧。

■製作

受限於肩部位置過高，導致看起來像是聳著肩一樣，得將位置往下移才行。但想要修改肩關節、肩關節軸本身的位置會相當困難，因此乾脆改為讓外觀能顯得低一點就好。這方面是先將用來裝設肩甲的零件削掉2.5mm，使組裝位置能變低，再將連接上臂的軸棒配合前述修改延長2.5mm。隨著上臂本身的位置變低了，臂部整體的位置也會顯得更偏向下方一點。只要選用WAVE製「PC-04塑膠輔助零件1」，即可剛好吻合原有的軸棒，修改起來會輕鬆很多喔。

為了化解腿部顯得過長的問題，得要將股關節軸的位置往上移才行。

先將軸棒區域分割後上移4mm再黏合固定。由於只是筆直分割，可用蝕刻片製之類的薄刃鋸動刀減少裁切損耗，將影響降至最低。

再來進行能提高腳部貼地性的加工。首先削短小腿內側下擺，並將C面邊緣磨成錐面，使造型更協調。接著削去腳部內側三角零件頂點，並調整弧度與刻線。切削時，記得先在內側黏貼半圓形塑膠棒填墊，避免削出缺口。另以塑膠板填平小腿正面凹槽，大腿接合線則透過刻出對稱線條來修整。

坐姿版菲亞娜模型的頭盔有個問題，那就是面罩透明零件背面的卡榫痕跡太過明顯，這部分只好拿PVC板藉由熱壓法重製。接著還從站姿版複製了臉孔部位，並且經由加工裝進頭盔裡。由於面罩是用螢光粉紅塗裝的，再加上裡頭的臉孔本身也塗裝得較明亮，因此在翻起護目鏡的狀態下能清楚地看到臉孔。至於站姿版則是僅修改了手臂的角度，讓她看起來能像是伸出手扶著機體一樣。

■塗裝

儘管基本上是使用gaiacolor的AT專用漆，但也有以它們為基礎適度調色作為點綴色使用，因此嚴格來說並不是直接使用那些塗料。

先以黑色底漆補土噴塗出稍顯粗糙的底層，再塗裝槍鐵色等黑鐵系銀色作為底色。以光影效果上色主體，並透過削刮稜邊露出底下顏色，輕刮露出槍鐵色，重刮則顯現黑色。最後混合基本色噴塗，反覆添加剝落色，以消光透明漆收尾。

水貼紙只從套件附屬的取用少數來黏貼。畢竟包裝盒畫稿中的模樣實在是帥極了，因此製作時也以營造出那種氣氛為準。儘管是以添加摩擦和刮漆痕跡為主，卻也增添了蒙上塵埃的感覺，不過並沒有加上醒目的鏽痕。

渡邊圭介
擅長硬派作品風格的資深職業模型師。熟悉各式技法，從套件攻略到自製模型都難不倒他。這次是首次在HJ科幻模型精選集上登場。

023

實戰擂臺賽

藉由數位建模手法製作出強勁酒神的衍生機型

接下來要介紹利用BANDAI 1／20系列製作的改造範例。首先是以在當年TAKARA發售的1／35比例「強勁酒神」中，曾用隨盒附屬傳單介紹過的強勁酒神衍生機型「戰鬥酒神」為題材，由可說是數位模師旗手的柳生圭太選用「眼鏡鬥犬」作為基礎予以重現。造型相異處均是先用數位建模方式做出檔案，再透過3D列印製作出實體零件來使用。

BANDAI SPIRITS 1／20比例 塑膠套件
ATM-09-ST 眼鏡鬥犬 改造

ATM-09-STC 戰鬥酒神

製作・文／柳生圭太

BANDAI SPIRITS 1/20 scale plastic kit
ATM-09-ST SCOPEDOG conversion
modeled&described by Keita YAGYU

ATM-09 FIGHTING BACCHUS

ST-BACCHUS

ATM-09-STC

▲「戰鬥酒神」是在TAKARA製1／35強勁酒神中以傳單方式介紹的衍生機型，該圖稿出自大河原邦男老師之手。這是實戰擂臺賽專用的機體，與強勁酒神的差異在於頭部天線、肩甲上有無吊鉤扣具，以及身體等處的形狀。儘管胸部上追加了探照燈，但除此之外是否仍有其他性能上的差異則是不明。

COLORING DATA

主體藍＝普魯士藍＋鈷藍＋白色
主體白＝銀色＋白色
關節灰＝銀色＋白色＋黑色
※以上全是使用TURNER（透納）製壓克力顏料
銀＝鉻銀色（Finisher's）

装甲騎兵波德姆茲 ARMORED TROOPER VOTOMS

▼儘管省略了乘降機關，卻依舊有著繼承自BANDAI製1／20套件可動範圍。雖說在圖稿中並未攜帶，但還是讓它持拿著短管型重機關槍作為範例的原創要素。

◀為了向當年的TAKARA製套件致敬，將頭部改成半球形的圓頂狀。面罩的曲率也要配合修改。右側天線改用1mm黃銅線重製。攝影機換成WAVE製H·眼的零件。圓頂狀頭部和艙蓋之間的白色襟領部位是先將細長橢圓形孔洞結構填平，再重新刻出縱向線條。探照燈是將3D列印零件研磨過後，再複製換成透明樹脂材質零件。

▶將肩甲處吊鉤扣具用塑膠板修改成形狀。肩甲換成了「眼鏡鬥犬細部修飾零件」，手掌也換成了「裝甲騎兵手掌M」這兩者均為RAMPAGE製改造零件。貫擊拳機關當然也仔細地重現了。前臂是經由3D建模方式做出的。

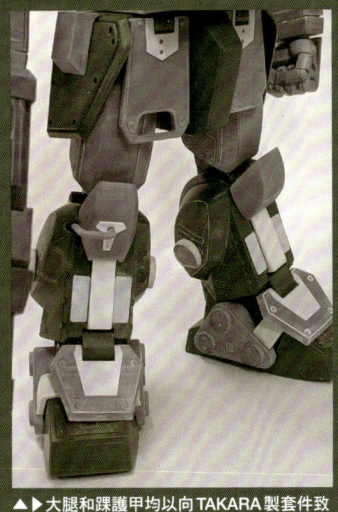

▲▶大腿和踝護甲均以向TAKARA製套件致敬為前提改了形狀。小腿外裝零件上的3道溝槽則先用補土填平，再嵌組屬於3D列印零件的圓形散熱口。至於側裙甲則是將前面的稜邊打磨得圓鈍些。

▲製作途中全身照。灰色處是全新數位建模做出的部分。由照片中可知，保留套件原有的均衡感之餘，亦巧妙地讓新製零件與整體相契合。

▶渲染圖。可確認用數位建模做出的各部位形狀和細部結構。

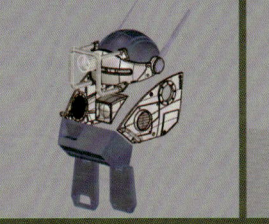

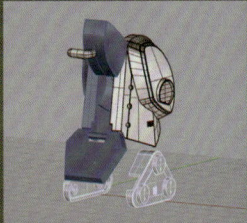

這次要製作的是1/20戰鬥酒神。這架機體當年只出現在TAKARA製1/35強勁酒神附屬的圖稿中，由於本書另有製作強勁酒神的範例，因此這次才會選擇這架有點罕見的機體作為主題。

基本上內部骨架都維持BANDAI製1/20套件的原樣，形狀需要修改的外裝部位是用CAD進行數位建模。相關檔案是由經手諸多裝甲騎兵商業產品的毛利重夫先生提供，非常感謝他的強勁酒神基礎建模檔案！

接下來會從頭部分別說明經過修改的部位。

為了向TAKARA製套件致敬，因此將頭部也修改成半球形的圓頂狀。面罩的曲率也要一併配合修改。天線為左右均有的雙重天線型，其中的右耳部分改用1mm黃銅線重製。攝影機換成了WAVE製H‧眼的綠色和粉紅色零件。圓頂狀頭部和艙蓋之間的白色襟領部位是先將細長橢圓形孔洞結構都填平，再重新刻出縱向線條。艙蓋處探照燈是先將3D列印零件充分研磨過之後，再經由複製置換成透明樹脂材質零件。身體左右兩側裝甲板在將表面散熱口更換為圓形的之後，內側的結構也一併跟著修改。只不過在製作完成後就幾乎看不到了。

肩甲與手掌分別換成了RAMPAGE製「眼鏡鬥犬細部修飾零件」和「裝甲騎兵手掌M」。肩甲處吊鉤扣具則是用塑膠板修改形狀。

儘管在圖稿中並未持拿武器，但在設定上畢竟是實戰擂臺賽專用機，要是沒有的話似乎不太妥當，因此便依據個人喜好選了短管型重機關槍來搭配。

大腿和踝護甲（手腕護甲也一樣）也都為了向TAKARA製套件致敬而修改了形狀。至於小腿則是先將外裝零件上的3道溝槽都用補土填平，再嵌組屬於3D列印零件的圓形散熱口。另外，還將側裙甲前面的稜邊打磨得圓鈍些。

塗裝時是先噴塗黑色底漆補土作為底漆，再用銀色和褐色添加較雜亂的乾刷作底色，然後拿噴筆用壓克力顏料上色。這類顏料若是只用水稀釋，那麼會難以附著在塑膠材質表面上，於是還加入了乙醇來加快乾燥速度和提高附著力。由於壓克力顏料的漆膜比琺瑯漆更脆弱，因此入墨線後進行擦拭作業時，亦一併稍微刮掉稜邊上的塗料作為舊化。擦拭之際還刻意殘留些許暗棕色和紫色的琺瑯漆，藉此留下濾化的效果。

水貼紙是從1/20套件附屬的當中選用。左前裙甲處黃色標誌則是自製的水貼紙。最後用TAMIYA舊化大師添加蒙上塵土的痕跡，這樣一來就大功告成了。

柳生圭太
合同會社RAMPAGE的代表之一。參與了產品研發和原型製作，有時也會以職業模型師的身分大顯身手。

阿斯特拉基斯競速大獎賽火熱開跑！

納哥摩是位於基爾加梅斯宙域中央的行星。

該行星的觀光都市卡地蒙羅會舉辦方程式一級競速賽？（Fastest No1 WHO?），通稱為「F1？」競速賽。賽事威名甚至遠及巴拉蘭特宙域，可說是阿斯特拉基斯銀河最大規模的慶典。

儘管起源只是一場涉及賭博的比賽，但受惠於這是毫無戰鬥要素的純粹競速比賽，得以成為少數廣獲全宇宙接受的娛樂，甚至發展成了連王室成員也會親自來觀賽的銀河最大規模活動。

為了向當年的TAKARA製套件致敬，因此將頭部修改成半球形的圓頂狀。面罩的曲率也要一併配合修改。右側天線改用1mm黃銅線重製。攝影機換成了WAVE製H·眼的零件。圓頂狀頭部和艙蓋之間的白色襟領部位是先將細長橢圓形孔洞結構都填平，再重新刻出縱向線條。探照燈是先將3D列印零件充分研磨過之後，再經由複製置換成透明樹脂材質零件。

雖說起初僅限於使用一般的眼鏡鬥犬參賽，但近年來不僅是改造機型，甚至連具備高輸出功率的肥仔也能參賽，導致就連賽事開辦以來的冠軍吉馬卡·納鐸沙在比賽成績方面也不甚理想。

參賽已經超過20年，我的身體早已疲憊不堪，這也是無可奈何的，但贊助商的狀況似乎也不太好⋯⋯現在就連想更換零件都很勉強。再加上最近那些作弊的機體是怎樣啦。這次對我來說是等同於正式宣告退休的比賽，唯獨菲爾茂斯·史塔克那個小伙子我絕對不能輸給他！他不過是個駕駛近乎違規的肥仔，靠著老爸權勢在耍威風的臭小鬼罷了。話雖如此，到目前為止我僅能勉強超過他，但最後那條直線賽道實在很不妙。既然這樣，只好把一切寄託在渺小希望上作戰上，再來就是聽天由命，盡全力踩下油門了！

Fastest No1 WHO?

■ **AT-F1 駱駝眼鏡鬥犬**
　吉馬卡·納鐸沙規格

■ **AT-F1 紅牛肥仔**
　菲爾茂斯·史塔克規格

※這是本書與範例原創的虛構比賽。與現實中的名稱等方面都毫無關係。請在理解內容和原作設定及世界觀會略有出入的前提下欣賞

裝甲騎兵波德姆茲 | ARMORED TROOPER VOTOMS

再來就是聽天由命，盡全力踩下油門了！

將AT視為競速機具

在廣大的阿斯特拉基斯銀河中，巴拉蘭特宙域應該也存在著各式各樣的世界吧。其中肯定存在著尚不為人所知的星球、地區，甚至是娛樂活動。在這層妄想下，萌生了「假如把裝甲騎兵改造成競速機具會是什麼模樣？」的念頭，而據此製作出的就是這2件範例。由電擊鋼彈模型王（※過去由《電擊HOBBY月刊》主辦的鋼彈模型比賽）初

偉大的冠軍 吉馬卡・納鐸沙！

AT-F1 CAMEL SCOOPDOG JIMAKA NATORUSA

BANDAI SPIRITS 1/20 scale plastic kit
ATM-09-ST SCOOPDOG
BERKOFF SQUAD conversion
modeled&described by
Einosuke shodai HINO

BANDAI SPIRITS
1／20比例 塑膠套件
ATM-09-ST 眼鏡鬥犬
白克霍夫分隊規格 改造

AT-F1
駱駝眼鏡鬥犬
（吉馬卡・納鐸沙規格）

製作・文／銳之介初代日野

並製作成虛構競技用AT

代冠軍——銳之介初代日野和在HOBBY JAPAN月刊上有著活躍表現的吉村晃範組成搭檔,聯手完成了這2件深具F1風格的AT。之所以會覺得這2件範例看起來像是似曾相似的賽車,肯定是因為各位見多識廣才產生的錯覺喔(笑)。那麼,還請各位仔細品味這2件針對競速用調校改良過的AT-F1範例吧!

憑藉父親權勢盯上新王者寶座的菲爾茂斯・史塔克!

AT-F1 REDBULL FATTY
FELMAS STACK

BANDAI SPIRITS 1/20 scale plastic kit
B・ATM-03 FATTY GROUND CUSTOM conversion
AT-F1 REDBULL FATTY(FELMAS STACK)
modeled&described by
Akinori YOSHIMURA
(JUNE ART PLANNING)

BANDAI SPIRITS
1/20比例 塑膠套件
B・ATM-03 肥仔地上用 改造

AT-F1
紅牛肥仔
(菲爾茂斯・史塔克規格)

製作・文/吉村晃範
(JUNE ART PLANNING)

▼▶乘降姿勢。在維修區後方或到起跑位置待命時，應該就是像這樣等待著比賽正式宣告開始吧？

▶和戰鬥用機體的駕駛艙截然不同，僅止於用黑色和黃色來搭配的內裝部分。能感受到宛如競速機具的潔淨風格呢。

032

▲按照做BANDAI製1／20套件的慣例，將肩膀的位置調低。這方面是透過更改軟膠零件的上下位置和調整肩關節軸等方式來處理。

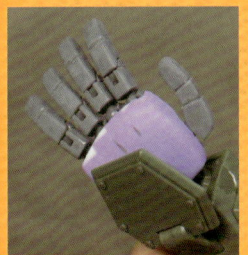

▲手掌是取自MG德姆的。這部分還削掉了沒必要存在的凸起結構。

▲為了讓膝蓋骨架能大幅度外露，因此動用塑膠材料製作了原創的油壓桿。

◀▲渺小希望作戰的動作（動作設計／銳之初初代日野）。讓臀部裝甲向上掀起是迷人之處所在。

◀▲本範例的賣點之一，在於基爾加梅斯文字機身標誌，先在電腦上設計好，再拿HIQ PARTS製「透明水貼紙」列印出來使用。由於基爾加梅斯文字和地球圈的英文實在像過頭了，因此很多方面來說都很令人焦慮呢（汗）。

這回接了已經久到不知有多少年沒經手過的章魚（裝甲騎兵的暱稱）範例。我向來很喜歡章魚，在仔細思考過有什麼既具說服力，又能讓人眼睛一亮的作品可做後，我決定不惜編造出毫無道理可言的設定也要製作出這種機體（笑）。

因為是以賽狗為賣點，所以……F！既然如此，吉村老弟！不好意思，把你捲進手忙腳亂的情況裡了，在各方面都很對不起大家啊！

以塑膠模型來說，BANDAI製章魚真的很出色，用來製作這種著重於塗裝的委託可說是剛剛好。但這回想用麥拉倫黃在暗綠色零件上噴塗出良好發色效果就很困難。要不是把微幅色調變化考量在內，毫無計畫性地就進行重疊塗佈，那麼顏色不是會顯得稀疏不均，就是看起來濃膩過頭呢。為了能遮蓋住塑膠底色，必須先噴塗有足夠混濁度的顏色。考量到發色效果，若使用灰色作底色，會影響黃色的呈現；而褐色雖為選項之一，但混濁度不足，遮蓋力低。因此，透過加入白色提升混濁度，再添加黃色調色，形成統一的褐橙色底色。為強調發色效果，選擇與黃色同系的黃橙色為基礎，並加入白、黑、紅色調配陰影，使其不偏藍，確保黃色光影效果自然。由於麥拉倫色較微妙，為便於調整，最終選用FOK製ACCELL漆的中間黃作塗裝。受惠於透明顏料，只要加入白色即可自由調整黃色深淺，就算加入紅色等顏色也不會變混濁，用起來剛好。

受許多問題影響，這次作業可說是我職業模型師生涯中花上最多時間的呢（笑），接下來就是入墨線了。動用了琺瑯漆的褐色系、橙色系，以及COPIC酷拉倫客麥克筆的褐色系，甚至是自動筆，為了呈現不顯髒的墨線而歷經了苦戰。再來是將這些的一半以上都掩飾住，因此重疊塗佈了較明亮的黃色作為高光。

這次作為王牌的基爾加梅斯文字是自製水貼紙，儘管我是第一次使用HIQ PARTS公司製「透明水貼紙」，但不管是墨水的附著性，還是透明膠膜本身的品質都精湛到令我大開眼界，真的受惠良多呢。雖說是有點異想天開的範例，不過在可說是車輛模型界權威的吉村老弟提供了各方建議下，總算是順利製作完成囉。儘管過程中確實手忙腳亂，卻也相當開心呢！下次再找機會一起合作吧！

銳之介初代日野

電擊HOBBY月刊所主辦賽事的「電擊鋼彈模型王初代冠軍」。後來以該雜誌為中心大顯身手，更出版了個人著作。如今也在MODEL Art月刊上擔綱連載單元。

033

▼▶這是肥仔特有的乘降姿勢。為了避免妨礙到乘降,背部的鰭片會往上掀起。

▶這件範例也是利用碳黑色和暗鐵色來進行分色塗裝,營造出具有潔淨感的駕駛艙內部。巴拉蘭特軍製機體正是以具備簡潔的內裝為特徵所在。

034

▼▶頭部攝影機是利用市售改造零件來營造出深度。頭部後側利用了飛機模型的剩餘零件來追加鰭片。駕駛艙蓋追加了進氣口結構，在上側也使用0.5mm黃銅線設置了皮氏管（空速管）。腰部亦拿剩餘零件追加了拖曳用吊鉤扣具和滅火器啟動纜線。纜線是用0.5mm黃銅線做的，該處旁邊的方形結構是先挖出開口，再黏貼蝕刻片網而成。

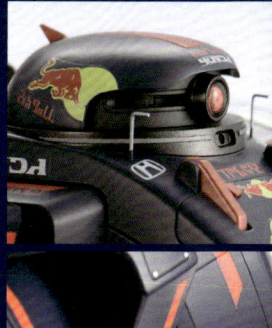

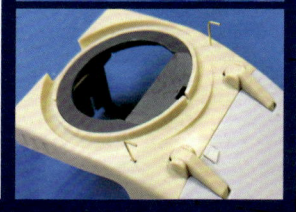

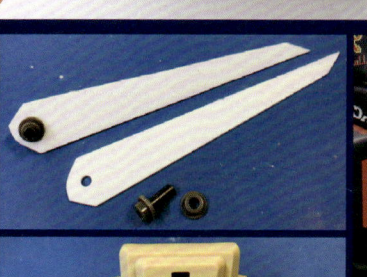

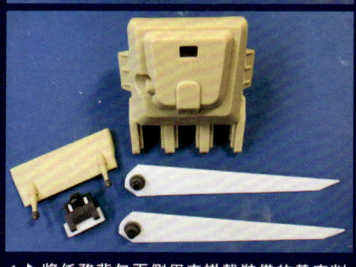

▲▶將任務背包兩側用來掛載裝備的基座削掉，改為製作給油口。彈匣掛架部位用1mm塑膠板設置了2片擾流翼，還拿剩餘零件和4根2mm方形塑膠棒拼裝黏貼出尾燈。該處是先將網狀結構塗成紅色後，再於表面堆疊UV透明膠而成。

▼大型滑行輪的基座可藉由滑移機關展開。

■為線條部位分色塗裝＆獨特的主體色

這次受到日野兄指名來參與製作。話說我還是第一次做AT的範例呢。

根據肥仔是最新型競速機種的設定，來著手製作。

由於是純粹的競速用機體，完全不需要武裝，因此將任務背包兩側用來掛載裝備的基座削掉，改為設置給油口。這部分是以便於隊伍維修站可以從左右任一側進行加油作業的設定為準。接著又根據作為藍本的開輪式賽車追加了皮氏管、尾燈等裝備，還將天線給削短，更做出了有那麼一回事的滅火器和緊急停止開關。然後又取用了能護眼鏡鬥犬看起來有賽車風格的E和三角標誌水貼紙來黏貼機身上。在參考過其他類型的競速機械後，亦進一步拿剩餘零件製作了吊鉤扣具。基於空力方面的考量，並未使用頭部兩側的零件E2，而是改用保麗補土堆疊在該處，藉此做成沒有任何凸起結構的安全帽狀。另外，任務背包下側大型擾流翼在製作時沿用了軟膠零件的廢棄框架，以便於設置可讓該處上下活動的機關。

這次最花時間的部分，就屬為主體外裝零件上色了。這都是為了力求將那些紅色線條和霧面狀藍黑色表現得更好的關係。

噴塗過白色底漆補土後，將事先決定好要設置線條的地方塗成紅色→以線條形狀為準黏貼寬2.5mm的遮蓋膠帶→等藍黑色塗裝後再剝除遮蓋膠帶，基本上的流程是這樣，但受到表面的漆膜厚度影響，剝除遮蓋膠帶之後，紅色與藍黑色的漆膜之間會形成高低落差。針對剝除遮蓋膠帶後形成的凹處，這次是藉由為該處噴塗較濃的透明漆來解決。用如同填滿紅色線條處溝槽的方式處理過後，高低落差也就不復存在，恢復了相當光滑的狀態。

儘管順序顛倒了，不過還是回頭說明作為主色的藍黑色吧。搜尋實際車輛的照片後，發現隨著天氣和攝影環境等條件不同，呈現的色調會有著顯著差異。有時看起來會像是帶紫色調的黑色，但在其他圖片中又像是深藍色，實在是很難詮釋的顏色，不過總算是在動用3種顏色以內的形式調出來了。

在入墨線和黏貼水貼紙完畢後，再用特製的半光澤透明漆噴塗覆蓋整體，這麼一來就大功告成了。

■阿斯特拉基斯文字水貼紙

機體上各式贊助商水貼紙都是由日野兄製作的。各標誌的設置方式是以實際車輛為參考，在考量均衡性的前提下，儘量別黏貼得太誇張。賽車界廣為大家熟知的贊助商標誌都轉換成了阿斯特拉基斯文字，藉此營造出這件範例的世界觀。

以一個主題為依歸，跨越虛構與現實的範疇自由自在地製作，這讓我獲得了相當寶貴的經驗。若是還有類似的機會，請一定要讓我再次略盡棉薄之力喔。

吉村晃範
擅長製作從機械題材到美少女模型等各種範疇的角色套件。是一位作工備受肯定的全能模型師。

20型

將WAVE製1／24套件
以上半身為中心施加徹底修改

當年配合TV版首播推出的TAKARA製SAK（比例動畫套件）系列具備了連動畫設定圖稿裡都不存在，顯得十分寫實的細部結構和機身標誌，套件本身的造型同樣製作得相當具有銳利感，體型亦詮釋得十分正確，因此即使時至今日也仍被譽為傑作套件。在過了十多年之後，WAVE公司則是以TAKARA製1／24套件為基礎，藉由追加頭部、手掌等全新開模零件的形式，開始推出WAVE製1／24套件系列。該公司在2000年時進一步推出了追加腿部和武裝等新零件而成的「渦輪特裝型（紅肩隊版）」。這件範例正是以該套件為基礎製作的。經由為駕駛艙區塊所在的上半身大幅縮減尺寸，以及對頭部和肩部一帶施加大規模修改後，總算完成了這件可說是徹底修改版的作品。

WAVE 1／24比例 塑膠套件
ATM-09-STTC
眼鏡鬥犬 渦輪特裝型
製作・文／櫻井信之

WAVE 1/24 scale plastic kit
modeled&described by Nobuyuki SAKURAI

SCOPE-DOG
TURBO CUSTOM

▶將上半身的尺寸大幅縮小、修改頭部形狀，以及調整肩部位置，可說是製作舊TAKARA套件時的3大基本重點。根據動畫中這架機體是「收集各種零件拼裝而成」的設定，各部位機體色和髒汙程度都刻意詮釋得有所不同，藉此更具體地表現出這是一架拼裝機的形象。在鉚釘方面則是分別設置了原有的「圓形鉚釘」，以及在現場裝設修理時使用的「六角螺栓（有頭、無頭、平頭鉚釘）」等多種形式（由於在現場應該不太可能進行鉚接，因此理應會採取拿扳手拴上六角螺栓的方式來固定零件）。

装甲騎兵波德姆茲 ARMORED TROOPER VOTOMS

◀頭部取自作者以前為了參加模型即售會而自製的零件。不僅尺寸小了一號，形狀也更渾圓，頭頂高度亦較高。天線基座則是修改了該處銜接面的角度，還將天線換成取自電吉他的第6弦，這部分是先去除外殼上的圓形部分後，再截取筆直的弦來使用。

▲將膝裝甲修正成更渾圓且設有三片風葉的形式。

▲將肩甲改用市售球形關節來連接，藉此讓這部分能顯得更高聳。

▲在噴射滾輪衝刺的噴射口基座上追加細部結構，噴射口本身也換成了市售改造零件。

▲彈匣是全新製作的，提把、板扣、合葉都是利用AFV的蝕刻片零件來重現。

▲儘管套件本身的可動範圍並不是很大，卻無須替換組裝即可重現腳部的噴射滾輪衝刺機關。要擺出照片中的架勢也不成問題。

▲與無改造的塗裝範例（左）相比較。由照片中可知，以上半身為中心的均衡性經過大幅度更改。

▶上臂和前臂均將前後零件縮短了約2公釐，由於從袖口到中央區塊會顯得更薄。「稍微有點凸出」的煙幕彈發射器是拼裝黃銅管重新做出更深的溝槽，前端還設置了在德軍戰車、四號戰車等，上可以看到的部位區塊縮短之外，亦加強發射管的左右角度也刻意設置得有所不同。

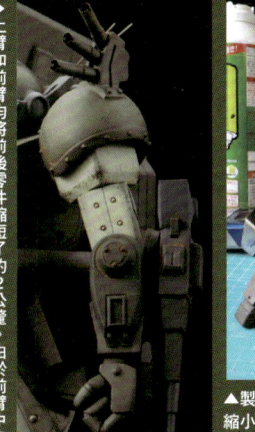

▲製作途中的全身照。大幅度縮小了身體的尺寸，因此省略掉重現駕駛艙這個部分。

▲任務背包與連接在這裡的左腋下格林機槍除了添加生鏽痕跡之外，亦施以發霉的表現。

▲收集各式零件拼裝出的機體，那麼各部位經年累月留下的痕跡理應有所不同。基本上是按照頭部、身體、左前裙甲、左肩、左膝裝甲、左腿、右踝護甲出自同一機體；右臂、右大腿、左右小腿、7連裝火箭彈莢艙出自同一機體的原則，據此對各部位的基本色和髒汙進行調整。飛彈的彈頭不太可能是中古貨，這部分並未施加舊化，僅處理成半光澤質感表現出該處是全新的彈藥。讓兩枚飛彈的顏色不同，是想藉此表現出取得彈藥的管道相異，不曉得各位是否能理解呢？

當年發售時，我曾製作過數量恐怕多達近50盒的「TAKARA章魚」。如今要再度向它挑戰，題材為最後的紅肩隊（以下簡稱為LRS）版渦輪特裝型。由於這是我個人最喜歡的機體，因此打算毫無保留地施加大幅度改造。

■製作

首先，將身體分割為8塊以修正形狀。背面上側維持原尺寸，但前方需收窄，並增加前後長度與高度。同時，肩部組裝位置上移，使其呈現聳起狀。修正過程中磨損的刻線與凹狀結構將重新雕刻，但左右百葉窗狀結構難以復原，因此事先分割，待作業完成後再裝回原位。（如果是野心版的話，其實只要貼上零件就能解決的說……（笑））。身體下側也配合前述作業一併修改了尺寸。駕駛艙蓋的肋梁是利用0.14mm塑膠紙為高度稍微添加了一點變化。

頭部取以以前為了參加模型即售會而自製的改造零件。這部分不僅尺寸小了一號，還進一步凸顯出了渾圓感和高度。將面罩的正面按照設定修改得更渾圓，可說是製作TAKARA章魚時不可或缺的改造重點，可是一旦修正了這個部分，「TAKARA章魚的風格」也會不復存在，我居然花了20年才領悟到這點啊（笑）。因此，雖稍微修圓，但仍刻意保留該處的平坦面，同時將天線基座改為LRS版特有形狀。臂部是將上臂和前臂的前後零件縮短2mm，還將肩甲改用球形關節來連接，以強調聳肩效果。頭部與左右肩甲三者「3處圓」的相對位置，是構成章魚外形的關鍵，需細心調整。腿部則維持原樣，僅添加細部結構，並將LRS版膝裝甲改造為「渾圓且設有3片風葉」的形式。

■塗裝

在動畫中這架被稱為20型的渦輪特裝型是拿廢鐵拼裝而成，儘管已經是收集了相對地堪用的零件和部位，但各部位的色調應該還是會有些差異才對。以大量生產的兵器來說，隨著製造工廠（地區）、生產線、製造時期、使用環境等條件不同，在色調上多少會有些差異。基於前述想法，這次用了4種顏色來表現深綠色，就連淺綠色也用了2種顏色來詮釋，藉此塗裝成有著拼裝機味道的模樣。考量到「明度與彩度差異」來施加分色與光影效果，因此透過不同比例的褐色與黃色營造變化。原本打算加強色彩對比，但最終還是要照模型均衡感調整。髒汙也以區塊為單位呈現細微差異。最費事的，是任務背包及連接左腋下的格林機槍，除了生鏽痕跡外，還再加上發霉效果。

櫻井信之
活躍於各式媒體的模型傳教師。精通製作各種領域的模型。

紅肩隊

運用具有深度的光影塗裝來講究地製作完成

包含具備完整機關的PS版,以及著重於外觀,能夠簡潔地組裝完成的ST版在內,WAVE製1/35系列已推出了超過16款套件。於2018年2月發售的「眼鏡鬥犬紅肩隊特裝型(PS版)」,正是由2017年3月發售的ST版更改為完整機關版本而成,儘管整體尺寸較為小巧,卻也精湛地重現了駕駛艙、乘降姿勢等眼鏡鬥犬特有的機關。範例中在維持這款套件本身的良好外形之餘,亦施加了具有深度的塗裝表現和舊化,藉此進一步發揮出魅力。

WAVE 1/35比例 塑膠套件
ATM-09-RSC 眼鏡鬥犬 紅肩隊特裝型
製作・文/野田啓之

WAVE 1/35 scale plastic kit
modeled&described by Hiroyuki NODA

ATM-09-RSC SCOPEDOG RED SHOULDER CUSTOM

裝甲騎兵波德姆茲 ARMORED TROOPER VOTOMS

▲將轉盤鏡頭更換為WAVE製H‧眼。把維尼拉塗裝時搞錯位置的紅色左肩將色調詮釋得內斂些。

▶將駕駛艙內部連同齊力可都仔細地施加了分色塗裝。

▲將肩甲的組裝槽削出C字形缺口即可分件組裝。

▲大腿仔細地進行了無縫處理。小腿則是在組裝好軟膠零件的情況下進行無縫處理。

◀▼將迴轉用地椿削掉，再改用2mm圓棒重製得更尖銳。

▲乘降姿勢。這部分當然無須替換組裝零件即可重現。

042

▲▼右腋下的2連裝火箭發射器、右肩上方的9連裝飛彈莢艙,以及左腋下的4連裝格林機槍連同彈頭在內均按照設定仔細地施加了分色塗裝。

▲重機關槍是先將位於槍管上方的瞄準裝置分割開來,等修整完畢後再藉由塑膠棒連接回原位。

▲臂裝重火力砲也是先將砲管分割開來,等修整完畢後再藉由插在3mm圓棒上的方式裝回原位。

■前言

外形和之前的同系列套件一樣無從挑剔!可以這麼說吧。除此之外,這次還連登降姿勢都能重現,用精湛無比來形容肯定不會有錯。試組過之後,我發現就某方面來說,這款套件好到會讓擔綱攻略的職業模型師哭出來呢(笑)。

■主體

將轉盤鏡頭換成WAVE製H‧眼的綠色和粉紅色零件。將肩甲的組裝槽削出缺口,使該處能分件組裝。側面的軟膠零件似乎稍微長了一點,導致臂部無法靠得更貼近身體一些,於是便將該零件削短了約1mm。大腿進行了無縫處理,膝蓋的關節機關也是先組裝好,再進行無縫處理。原本裝設於膝關節機關裡的活動用軟膠零件改為先組裝進小腿裡,並且在膝關節機關這些削出開口,膝關節和小腿即可先上色再組裝。腳掌側面的迴轉用台樁則是先削掉,再改用2mm圓棒重製成前端更加更尖銳的。臂裝重火力砲若是按照套件原樣會很難為砲管進行無縫處理,因此暫且將該處分割開來,等塗裝完畢後再用3mm圓棒重新連接起來。製作上大致是如此,也就是僅對某些地方施加了分件組裝式修改的程度而已。

■塗裝

讓頭部、肩甲、膝裝甲顯得渾圓點的效果十足,可以凸顯出整體的稜角,能營造出很有那麼一回事的寫實感。這次也就以現實中的地面裝甲兵器為藍本,在塗裝&舊化時加入了少許色之源黃色+白色。淺綠色是拿鋼彈專用漆綠色4+少許白色調出的。在舊化方面是利用琺瑯漆的德國灰來隱約描繪出雨水垂流痕跡,各部位也用琺瑯漆的黃鏽色稍微添加些點綴。用消光透明漆噴塗覆蓋整體後,接著便噴塗陰影兼添加煤灰類痕跡,然後用TAMIYA舊化大師添加各種汙漬。

■後記

如同前言中所述,這是一款就尺寸來說有著恰到好處的細部結構,在可動機關方面也無從挑剔的出色套件,凡是裝甲騎兵迷都該試著親手製作一次才對。我個人最為感動之處,就屬胸部兩側散熱口居然是製作成獨立的零件這點了,看到這個部位時,內心不禁吶喊著「什麼!居然做到把這個地方設計成獨立零件的程度!」,更對廠商的貼心和講究感激不已。

野田啓之
可說是HOBBY JAPAN月刊一大支柱的資深模型師。擅長塗裝《星際大戰》中的各式機具。

在名為庫梯的內亂之地

藉由拿不同套件搭配製作
將狂戰士WP
升級為PS版規格

　　WAVE 1/35系列有著具備完整機關的PS版，以及省略了乘降機關和駕駛艙內部等構造，整體較為簡潔的ST版這兩種規格。不過視機體而定，有些套件目前只推出了ST版。狂戰士WP也是僅推出了ST版的套件（※）。在此將採取從潛水甲蟲和狂戰士DT這兩款PS版取用零件來製作的手法，試著做出準PS版狂戰士WP。由於下半身原本就和潛水甲蟲一樣，再加上包含駕駛艙在內的身體造型也與狂戰士DT共通，因此這幾款套件搭配起來都極為契合。只要處理好濕地滑行板內側的凹槽，還有進行細部修飾之類的加工，並且將套件本身細心地製作好，即可做出不錯的成果。（※狂戰士WP PS版後來已於2020年11月時推出）

WAVE 1/35比例 塑膠套件
ATH-Q64 狂戰士
製作・文／おれんぢえびす

WAVE 1/35 scale plastic kit
modeled&described by ORENGE-EBIS

▲▶這是昆特星戈摩爾製重量級特裝型AT。儘管與基爾加梅斯軍制式採用AT潛水甲蟲之間有許多共通零件，但除此以外均為手工打造的，因此可說是高級機種。搭載有利用昆特基本粒子運作的金屬探測雷達，WP意指配備了濕地戰專用的濕地滑行板。在武裝方面備有等同於狂戰士代名詞的賈釘，以及搭載了運用昆特基本粒子發揮測距裝置功能的突擊步槍。

▲操縱者是身為庫棉傭兵的巨漢路・夏庫。駕駛艙內部有著比眼鏡鬥犬更為簡潔的構造。

ATH-064 BERSERGA

装甲騎兵波德姆茲

ARMORED TROOPER VOTOMS

045

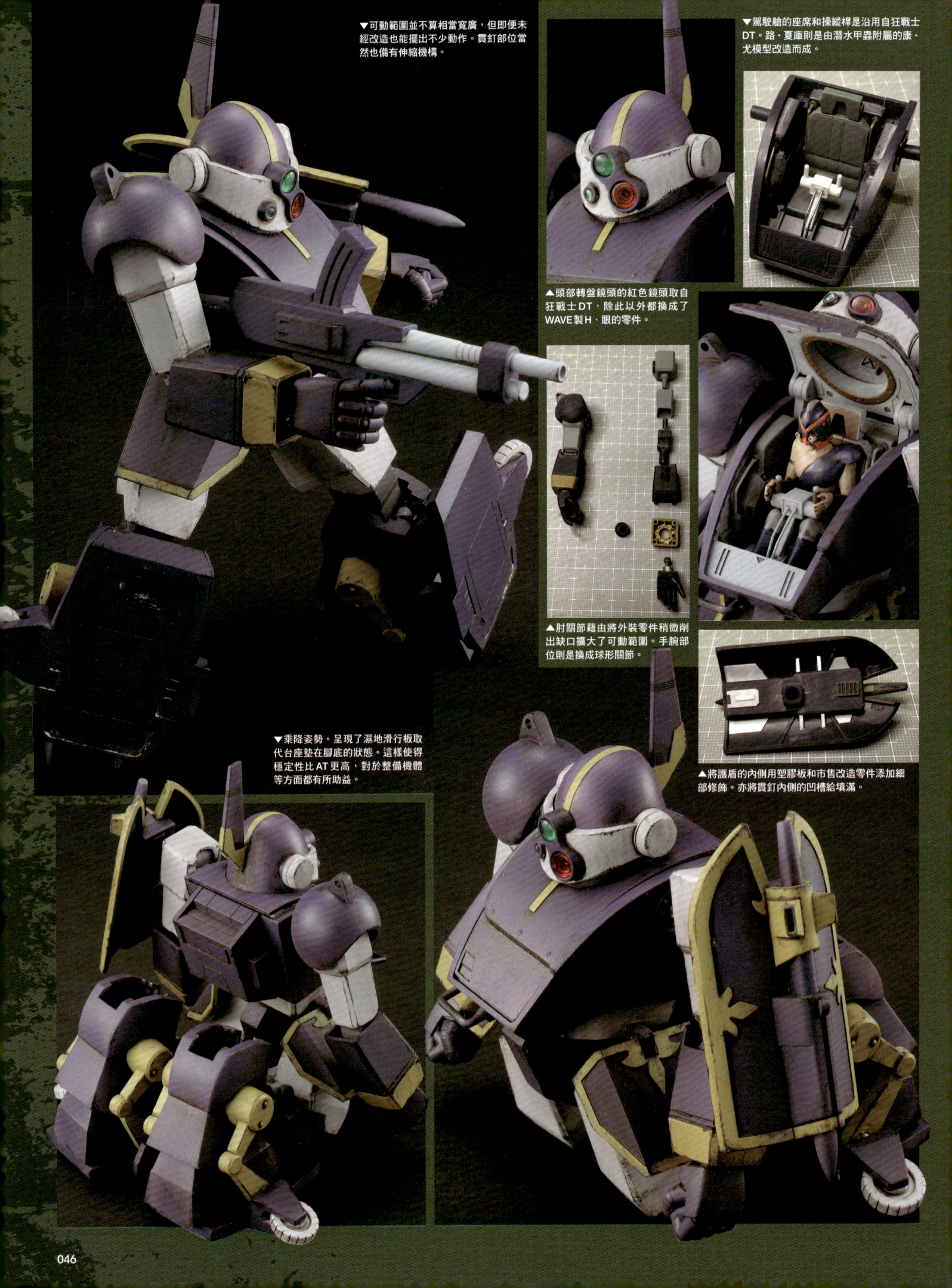

▼可動範圍並不算相當寬廣，但即便未經改造也能擺出不少動作。貫釘部位當然也備有伸縮機構。

▼駕駛艙的座席和操縱桿是沿用自狂戰士DT。路・夏庫則是由潛水甲蟲附屬的康・尤模型改造而成。

▲頭部轉盤鏡頭的紅色鏡頭取自狂戰士DT，除此以外都換成了WAVE製H・眼的零件。

▲肘關節藉由將外裝零件稍微削出缺口擴大了可動範圍。手腕部位則是換成球形關節。

▼乘降姿勢。呈現了濕地滑行板取代台座墊在腳底的狀態。這樣使得穩定性比AT更高，對於整備機體等方面都有所助益。

▲將護盾的內側用塑膠板和市售改造零件添加細部修飾。亦將貫釘內側的凹槽給填滿。

046

▼護盾能藉由球形關節靈活調整角度。亦能像動畫中一樣擺出朝向前方的防禦姿勢。

▲製作途中照片。大腿背面有個很大的缺口,看起來實在不美觀,因此用塑膠板將該處給覆蓋住。

◀▲濕地滑行板無須替換組裝即可展開。不過連接臂部位會稍微抵到小腿下擺,有塗裝的玩家得留意是否會刮漆。裝甲內側凹槽是先用補土填平,再用塑膠板添加細部修飾。連接臂的凹槽也同樣要用補土填平。

　　這次利用WAVE製1/35狂戰士WP ST版搭配PS版狂戰士DT和潛水甲蟲製作,將ST版套件升級為準PS版,可說是相當奢侈的企畫呢。
■頭部
　　紅色鏡頭沿用自狂戰士DT,其他綠色鏡頭都換成WAVE製H‧眼的零件。頭盔內部則是用市售改造零件簡單地添加了一些細部修飾。
■身體
　　座席和操縱桿沿用自狂戰士DT,這部分裝設起來毫無問題。控制台和座席等處也利用金屬線設置了管線。由於駕駛艙內很狹窄,因此設置時必須格外謹慎,不然駕駛艙蓋會闔不起來,還請特別留意這點。
■臂部
　　雖說以設定圖稿中的模樣為優先,但手肘的可動範圍實在過於狹窄,因此在手肘的正面削出缺口,使肘關節能彎曲到近90度,手腕關節也換成了球形關節,儘管只是稍微改善些,但至少能讓手腕自由調整角度。至於護盾內側則是稍微用塑膠板和市售改造零件添加了細部修飾。
■腿部
　　乘降機關和膝關節幾乎整個都是沿用自潛水甲蟲的零件。由於大腿背面有著不甚美觀的開口,因此用塑膠板將該處覆蓋住。儘管這樣做會使腿部整體能往外張開的幅度受限,但這也是無可奈何的事。濕地滑行板內側凹槽同樣是先用補土填平,再用塑膠板添加細部修飾。
■額外部分
　　駕駛員似乎是個名叫路‧夏庫的人,歷經一番曲折,我決定以康‧尤先生為基礎,經由堆疊補土與切削打磨的方式做出來。呢……完成後好像幾乎看不到就是了。
■塗裝
主體色1＝紫色60%＋白色10%＋黑色30%並加入極少量的紅色
主體色2＝白色60%＋中間灰40%並加入極少量的藍色
其他＝中石色75%＋黃色25%
　　為琺瑯漆的棕色加入少量黑色來調色,用來為整體施加水洗,然後用黑色稍微添加一些掉漆痕跡。

おれんぢえびす
HOBBY JAPAN月刊的資深職業模型師。擅長精確且紮實的形狀調整和細部修飾手法。

アッセンブル

將最佳套件經由
充分修整各個面與收縮凹陷
然後施加塗裝的方式
細心地製作完成

WAVE製1/35系列的第3件範例乃是濕地帶戰用主力AT「潛水甲蟲」。儘管下半身與狂戰士共通，得以及早推出套件，整體卻也具備了與狂戰士同樣精湛的完成度。這件範例是選用省略了駕駛艙內部與乘降機關的ST版製作而成。包含重新做出修整各個面與收縮凹陷之際磨平的細部結構在內，在製作上僅採取了較為傳統的方式。相對地則是致力於營造光影效果和舊化等塗裝手法上。

WAVE 1/35比例 塑膠套件

ATH-06-WP
潛水甲蟲

製作・文／木村學

WAVE 1/35 scale plastic kit
modeled & described by
Manabu KIMURA

ATH-06-WP
DIVING
BEETLE

裝甲騎兵波德姆茲

▲為轉盤鏡頭塞入經過塗裝的WAVE製H‧眼。轉盤鏡頭基座是先用灰色進行基本塗裝，再施加水洗，最後用海綿沾取銀色來添加掉漆痕跡，藉此營造出久經使用的感覺。

◀濕地滑行板掉漆痕跡。濕地滑行板是先用灰色塗裝，再施加水洗，然後用海綿沾取淺灰色來添加掉漆痕跡。濕地滑行板的基座與輪子則是塗裝成銀色。

▲中型機關槍的前握把可以抬起來供左手握持住。由於濕地滑行板備有球形關節，因此無須替換組裝即可流暢地展開。

ARMORED TROOPER VOTOMS

潛水甲蟲是在庫棉篇令人留下深刻印象的濕地戰用AT。為了應對沼地等踏腳處不穩定的地形而備有濕地滑行板（拖鞋），可說是很帥氣的機體呢。這款沿用了狂戰士的下半身零件之餘，絕大部分屬於全新開模製作的零件。易於進行無縫處理，也沒有夾組式構造的部位，有著對塗裝派玩家來說可以毫無壓力地進行製作的規格呢。

範例中僅將為了無縫處理而磨掉的肩甲處鉚釘用WAVE製I‧薄片重做出來，以及把各部位的收縮凹陷仔細地打磨平整而已。只要細心地修整各個面，即可製作出英姿挺拔的潛水甲蟲。轉盤鏡頭同樣塞入經過塗裝的WAVE製H‧眼。

塗裝是先噴塗深灰色作為底色，再用營造光影效果的技巧塗裝基本色，等水貼紙黏貼完畢，才用消光透明漆噴塗覆蓋整體。接著用Mr.舊化漆地棕色加入多功能黑調出的深褐色施加水洗。最後則是用琺瑯漆的淺灰色和銀色稍微添加些掉漆痕跡，這麼一來就大功告成了。

049

修羅

藉由添加原創細部結構來凸顯出屬於試作型AT的形象

WAVE製1/35系列的第4件範例，正是齊力可在TV版中最後搭乘的AT「狂犬」。這是一架以備有沙漠行進組件「履帶型沙漠用行進裝置」、大型鐵爪，以及內藏炸彈型任務背包為特徵的藍色機體。範例中將這架機體為試作型AT的設定加以擴大詮釋，藉由追加增裝裝甲之類的獨創細部結構，給人這是一架強化型機體的印象。

WAVE 1/35比例 塑膠套件
X・ATH-02-DT 狂犬
製作・文／澤武慎一郎

WAVE 1/35 scale plastic kit
modeled & described by Shiniciro SAWATAKE

X-ATH-02-DT RABIDLY DOG

▼沿襲自打擊鬥犬的大型鐵爪內藏有11 mm機關槍。可攜帶專用的手持式重火力砲。

装甲騎兵波德姆茲

ARMORED TROOPER VOTOMS

051

▲▶ 大型鐵爪可按照設定伸縮＆開闔。範例中用塑膠材料替11mm機關槍追加了大型彈匣作為原創要素。

▲▶ 駕駛艙內部利用剩餘零件和管線添加了細部修飾。設置管線時是先用手鑽在各部位開孔，再插上纜線和電線類材料而成。駕駛員前臂下側管線原本為整片一體成形的結構，範例中則是削成明確的管線狀。

▲ 乘降姿勢。這部分的機關與一般眼鏡鬥犬相近。套件中也無須替換組裝即可重現。

052

◀各裝甲內側都藉由黏貼塑膠板予以墊厚。

▲各部位增裝裝甲都是藉由在塑膠板上黏貼WAVE製圓形鉚釘0.1做成有那麼一回事的樣子。

◀▲手持式重火力砲裝設了取自M･S･G步槍套組的瞄準器和槍榴彈發射器，還用剩餘零件追加了射擊選擇桿。更用塑膠板為槍榴彈發射器追加了操作桿等改裝。

▲將履帶型沙漠用行進裝置的組裝槽削出缺口，以便分件組裝。配合前述作業，將2mm塑膠棒裁切為短柱狀做成路輪，同時將路輪整體的高度略做調整，使該處能被隱約窺見。相對地，腳尖底面藉由黏貼1mm塑膠板墊高。踝關節則是將內側的一部分肋梁削掉，藉以擴大可動範圍。另外，腳跟處追加黏貼了WAVE和壽屋的細部修飾零件，作為強化履帶型沙漠用行進裝置時所設置的散熱器。

這次我用原創改裝來詮釋WAVE製1/35狂犬。在假設性發展中，如果後來基於某些理由繼續使用這架機體的話，那會是什麼樣子呢？基於這份妄想去延伸發揮，並且落實在改裝上。

總覺得裝甲似乎薄了點，於是在裙甲、手腕護甲、踝護甲的內側黏貼0.5mm塑膠板予以墊厚。接著用1mm塑膠板追加增裝裝甲，這方面選擇設置於胸部、身體側面、大腿、上臂等處，還黏貼了WAVE製圓形鉚釘0.1。裝甲板的形狀和尺寸要怎麼做才能合乎現實且發揮強化效果呢，這就得依照駕駛員的觀點去考量了，這樣即可設置既不累贅也實用。舉例來說，胸部側面應該要整個覆蓋上增裝裝甲才對，但該處有個整備用艙蓋，因此設置時得避開那位置才行。大致上就是這樣。

將鐵爪的凹槽用補土填平。任務背包利用剩餘零件添加了些點綴，頂面還藉由折彎黃銅線設置了拖曳用的吊鉤扣具。儘管肩甲上也有拖曳用的吊鉤扣具，但這部分是用壽屋製M･S･G

零件來呈現。左右裙甲處方形雜物箱不僅雕刻出宛如可能開闔的細部結構，還拿沿用零件設置了把手。履帶型沙漠用行進裝置除了將組裝槽削出缺口，以便分件組裝外，還將2mm塑膠棒裁切為短柱狀來製作出路輪，同時也調整路輪整體的高度。配合前述修改，腳尖底面黏貼1mm塑膠板加以墊高，確保整個腳底能夠水平貼地。至於踝關節則是將內側的一部分肋梁削掉，藉此擴大可動範圍。腳跟還配合經過強化的履帶型沙漠用行進裝置追加了散熱器，這部分是選用WAVE和壽屋推出的噴射口之類改造零件來呈現。

手持式重火力砲施加了用M･S･G步槍套組的零件設置瞄準器和槍榴彈發射器，還有拿剩餘零件追加了射擊選擇桿，以及用塑膠板為槍榴彈發射器追加了操作桿等改裝。

駕駛艙是先將駕駛員給塗裝好，再將護目鏡與座席用絞線連接起來。面罩與頭盔則製作成用纜線連接在一起的樣子。操縱桿也以設定圖稿為準，追加了各種管線。駕駛艙整體還設置了各式

剩餘零件作為細部修飾。不過這部分值得仔細進行開闔測試，以免卡住駕駛艙蓋。裝設管線時是先將各零件的位置決定好，再依據需求用手鑽開孔，然後才裝上各種纜線和電線作為裝飾。頭部攝影機類部位都是使用套件附屬的貼紙來呈現，但剛好缺了供頭部後側用的，因此便從餘白中裁切出適當的尺寸來黏貼，最後更在表面敷佈一層透明紅樹脂，並且用UV燈促使硬化。

基本塗裝都是使用Mr.COLOR。機體色為印地藍：白色＝8：2；面罩選用了335號；鐵爪部位是用515號和301號來分色塗裝，爪子本身則是用超細緻銀塗裝。接著用德國灰和銀色添加掉漆痕跡，以及透過琺瑯漆的沙漠黃營造出蒙上薄薄一層沙塵狀，最後更在各部位用紅棕色描繪出鏽漬，但這部分可別做過頭，只要適量就好。

澤武慎一郎
擅長製作船艦、科幻、特攝等諸多題材的全能模型師。不僅涉獵電子燈飾，還擁有關於情景模型的廣泛知識和技法。

最後的紅肩隊

從動畫中擷取出深具動感的戰鬥場面製作成情景模型

使用WAVE製1／35系列來呈現的第1件情景模型範例是以OVA《裝甲騎兵波德姆茲 最後的紅肩隊》為參考，重現了迪萊達高地的祕密組織地底據點內一戰。這件範例以齊力可駕駛眼鏡鬥犬 渦輪特裝型對決紅肩隊餘黨及艾普希隆駕駛的吸血鬼為題材，擷取出了深具動感的一景。如同前述，情景模型向來以表現「靜」見長，這件出自角田勝成的作品則是以營造出「動」為特色，還請各位仔細品味箇中魅力何在。

使用WAVE 1／35比例 塑膠套件
X・ATH-P-RSC 吸血鬼[ST版]＋
ATM-09-STTC 眼鏡鬥犬 渦輪特裝型[ST版]

最後的紅肩隊
情景模型製作・文／角田勝成

WAVE 1/35 scale plastic kit
X・ATH-P-RSC BLOOD SUCKER＋
ATM-09-STTC SCOPEDOG TURBO CUSTOM use
the diorama built&described by Katsunari KAKUTA

装甲騎兵波德姆茲

ARMORED TROOPER VOTOMS

THE UNKNOWN "RED SHOULDER"

▲地台是以木製相框搭配保麗龍做出基礎，再經由黏貼塑膠板製作出壁面。

▲受爆炸影響而捲起的地板，是先在塑膠板上削出切痕，再用老虎鉗之類工具以強行扳彎的要領拉扯開來而成。周圍還撒上了先將保麗龍和石膏做成板狀，再用手撕開做成的瓦礫。

◀▲範例中呈現了齊力可進入祕密組織位於迪萊達高地的地底據點裡之後，遭遇到吸血鬼的場面，而且從中攔截出齊力可駕駛渦輪特裝型率先使出貫擊拳，擊倒了領頭吸血鬼的場景。由於在整個構圖中刻意將地下通路設置成傾斜式的，因此即便整體很小巧也能讓人感覺到空間很寬廣。這件情景模型的整體尺寸約為長36.5cm×寬25.8cm×高29.5cm。

▼吸血鬼的圓形鏡頭也換成了WAVE製H‧眼。由於希望手掌的造型能更為生動，因此修改了手指的角度。

▼▲為了替任務背包進行無縫處理，因此先將凸起狀結構削掉，之後再用塑膠板重新製作出來。

◀大腿處接合線採用在另一側刻出相對應紋路的方式來處理。

▼將旋轉式迴轉用地樁內側的凹槽用AB補土填滿。

▲▶7連裝火箭彈莢艙的凹陷過於明顯，需仔細打磨。而為呈現已發射4枚火箭彈的狀態，省略了部分彈頭。

▲將左肩甲處煙幕彈發射器的砲口，用手鑽開孔。

▼眼鏡鬥犬是將肩部用軟膠零件靠近身體這側削短一點，藉此讓手臂能更貼近身體一些。轉盤鏡頭也換成了WAVE製H‧眼的零件。

▲將重機關槍的槍口用手鑽開孔。 ▲被撞彎的欄杆是用塑膠角材製作而成。這部分是經由用吹風機加熱軟化來折彎的。

OVA《裝甲騎兵波德姆茲 最後的紅肩隊》。當年還在讀高中的我也曾拿出打工薪資預購了這部OVA作品。而且並非VHS（大帶），是指定要Beta（小帶）的喔！因為當時我堅信要享受高畫質高音質的話，就得買Beta的錄影帶才對！這次製作範例時，那捲Beta錄影帶也派上了很大的用場。即使時至今日也仍能以高品質播放出來，SONY Beta MAX真是令我感動不已啊。

回頭來提範例本身吧，這次要以1985年時推出，至今仍不見絲毫遜色的這部作品為題材，從中擷取出戰鬥場面製作成情景模型。使用的套件為WAVE製1/35眼鏡鬥犬渦輪特裝型和吸血鬼。我覺得這兩者都是精湛地重現了動畫中形象的商品。這次製作時則是僅針對稍微令我有點在意的部分施加了修改而已。

那麼先從渦輪特裝型開始說明吧。在這次的情景模型中是選擇製作成齊力可座機。這款套件在外形和可動機關方面都精湛地充分重現了動畫中的形象。不過用來連接肩部的零件稍微大了點，導致肩部在完成時會與身體靠得不夠近。因此將該連接用的軟膠零件給削短，這樣肩部和身體就能靠得更近了。頭部轉盤鏡頭有一部分沒能以透明零件重現，於是將該處換成WAVE製H‧眼的零件。總覺得右肩處7連裝火箭彈莢艙在任務背包上的裝設位置似乎高了點，這部分也就一併調整位置。火箭彈則是製作成已經擊發過數枚的狀態。左肩甲處煙幕彈發射器並未做出明確的發射口，這部分同樣是用手鑽自行開孔重現的。重機關槍亦是用手鑽為槍口鑽挖開孔。噴射滾輪衝刺的噴射口當然也換成了市售改造零件。

再來是吸血鬼這部分。這架機體在設計上真的很帥氣呢。套件本身也精湛地重現了動畫中的形象。不過頭部的裝設位置同樣頗令人在意，於是比照渦輪特裝型的方式進行修改。鏡頭類部位也換成了WAVE製H‧眼的零件。任務背包在完成無縫處理後還用塑膠板重製了被磨平的細部結構。迴轉用地樁內側的凹槽則是用AB補土填滿。頭部左右兩側梯形鏡頭和紅肩隊的隊徽都是以附屬貼紙來呈現。由於希望手掌的造型能更為生動，因此修改了手指的角度。

情景模型利用了木製相框和保麗龍來做出地台，藉此重現祕密組織設置於迪萊達高地的地底PS研究所內部樣貌。壁面是藉由黏貼塑膠板來呈現的。被撞彎的欄杆是用塑膠角材製作而成，這部分是經由用吹風機加熱軟化來折彎的。在製作情景模型時，當然也是反覆播放出自乾裕樹老師之手的BGM囉！讓人體會到了極致的「硝煙嗆喉」時光呢。

角田勝成
以角色機體、怪獸等題材製作情景模型的資深職業情景模型師。擅長擷取出任誰都看得懂的情景架構。

（※「硝煙嗆喉」出自《裝甲騎兵波德姆茲》主題歌的歌詞，被視為最能代表這部作品的詞彙）

ATM-09DD BURGLARY DOG

運用AFV套件來搭配 藉此營造出比例感

　　使用WAVE製1/35系列來呈現的第2件情景模型範例，是藉由結合AFV套件來呈現的原創情境。靠著將現實兵器融入其中，即便是以阿斯特拉斯基銀河的行星為舞台，亦能營造出AT宛如存在於現實中的錯覺。正因為AFV的主要比例同為1／35才辦得到這種玩法呢。

使用WAVE 1/35比例 塑膠套件
ATM-09DD 夜盜犬 [PS版]

補給部隊
情景模型製作・文／コジマ大隊長

WAVE 1/35 scale plastic kit
ATM-09DD BURGLARY DOG [PS Ver.]use
SUPPLY UNIT
the diorama built&described by
KOJIMA DAITAICHO

在昆特星行星的天空下

▲▶正在等候補給的砲灰好漢與補給部隊。理所當然地呈現了相當悠閒的氣氛。可以看出趁著接受補給的這段空檔，那名AT駕駛員喝了不少酒而醉醺醺的。這件情景模型的整體尺寸約為長24.5cm×寬21cm×高26cm。隨著設置建築物的壁面，原本平坦的地面也獲得了些許裝飾。

▲ 重機關槍用 HG 版傑爾古格 M 的增裝燃料槽自製了槍管罩筒。槍托還利用遮蓋膠帶做成纏繞著布料的模樣。

MS-09DD BURGLARY DOG

▲▲建築物沿用自 Miniart 製真空吸塑成形套件，為了避免產生扭曲變形，內部有灌注石膏。瓦礫是以 AFV 用磚塊和保麗龍片來重現。地面是先用打底劑來打底，並且用水性漆上色，接著鋪上輕量黏土，再撒上造景沙和鋸屑來做出土地部分，最後塗佈 Super Fix 來固定這些細小材料。至於塗裝方面則是先用噴罐版底漆補土進行噴塗，再用壓克力水性漆和油畫顏料來上色。

060

▼彈鏈以電線類的帶狀纜線為芯，在外圍套上用evergreen製方形管裁切出來的長圓圈。雖然這次是做成是固定式模型，但這是在製作可動式模型時也能派上用場的細部修飾手法。

▲這件情景模型製作成了可供360度全方位欣賞的架構。即便是倒塌的建築物，亦能從窗口窺見AT的身影。

▼▲補給部隊用車輛是以TAMIYA製M20高速裝甲車為基礎，並且用AFV的剩餘零件等材料添加裝飾而成。設有細部結構的板狀零件取自同公司製野戰炊事套組。至於人物模型則是和AT駕駛員一樣均為小號手製商品。

▲▶AT駕駛員取自小號手製現代國陸軍的套件，只有頭部換成戴著戰車兵頭盔的，並且追加屬於樹脂套件的夜視鏡。駕駛艙蓋頂面則是黏貼了用塑膠板製作的增裝甲。

　《裝甲騎兵》中的兵器有著相當具有現實感的尺寸，這可說是令該作品世界觀具備實感與說服力的因素之一。這件範例就是打算重現平凡駕駛員等待受損機體進行補給的一景。AFV模型最廣為眾人熟悉的比例正是1/35，這次也利用品項豐富的軍武系車輛、人物模型，以及建構物來搭配一番。
　夜盜犬整體的均衡性很不錯，勉強需要修改的應該就只有彈鏈吧。這部分是以電線類的帶狀纜線為芯，在外圍套上evergreen製方形管裁切出的長圓圈而成，因此不會妨礙到可動性。
　受損的臂部是用電工鉗從關節部位扯爛。儘管靠蠻力粗獷地弄斷會比較接近被炸斷的模樣，但若是沒辦法做出心目中想要的樣子，那麼用鋼刷和電雕刀進一步削磨斷面也是個辦法。雖說因為是製作成固定姿勢模型，如果不是很在意的話，可以直接黏合固定住就好，但為了慎重起見，長管折疊砲的折疊軸還是更換成了黃銅管以提高穩固性。
　補給部隊用車輛是以TAMIYA製M20高速裝甲車為基礎，儘管利用了AFV的剩餘零件將頂部改為設置裝甲，但設有細部結構的板狀零件則是取自同公司製野戰炊事套組。由於M20的設計原本在該時代就顯得格格不入，因此搭配起來反而毫無不協調感。
　人物模型是拿小號手製現代德國陸軍的套件修改姿勢而成。AT駕駛員只有頭部換成戴著戰車兵頭盔的，並且追加了樹脂套件的夜視鏡。這樣一來即可給人從機體轉盤鏡頭所得影像會投影到該裝置上的印象，可說是能明確點出登場人物扮演了何種角色的關鍵道具呢。不過這傢伙在等待補給期間把偷藏的酒喝光了，導致顯得醉醺醺的（這是向電影《福祿雙霸天》致敬）。
　建築物沿用Miniart製真空吸塑成形套件，為了避免產生扭曲變形，內部灌注石膏。儘管是比較細微的部分，不過破裂的玻璃窗是將顯微鏡用蓋玻片打破後黏貼在窗框上而成，藉此營造廢墟感。石板路是拿原子筆在珍珠板上刻出那麼一回事的紋路來呈現，至於地面則是先用打底劑來打底，並且用水性漆上色，接著鋪上輕量黏土，再適度撒上造景沙和鋸屑來做出土地部分，最後塗佈Super Fix來固定這些細小材料。

コジマ大隊長
擅長半自製、細部修飾、舊化塗裝等各種製作手法的資深模型師。

ARMORED TROOPER VOTOMS

061

混沌與衰退的烏德

將當年的
TAKARA 1／35 SAK 系列製作成
擷取式場景來欣賞

當年配合 TV 版首播發售的塑膠套件系列是繼《太陽之牙達格拉姆》之後，由主要贊助商 TAKARA 推出的。除了至今仍被譽為名作而廣為人知的 1/24 比例之外，亦有推出與 AFV 模型主要比例同為 1/35 的套件。在此選擇了 2 款 1/35 比例的套件作為題材，並且以各自的包裝盒畫稿為藍本，將它們製作成固定姿勢的擷取式場景。由於原本就是素質很不錯的套件，因此只要修改姿勢即可造就十分具有看頭的作品。

使用 TAKARA 1／35 比例 塑膠套件
"SAK 重生收藏集"
ATH-14-WP
立龜
ATM-09-STC
強勁酒神

情景模型製作・文／野田啓之

TAKARA 1/35 scale plastic kit
"SAK REVIVAL COLLECTION"
the diorama built & described by Hiroyuki NODA

裝甲騎兵波德姆茲 ARMORED TROOPER VOTOMS

▲立體是以身處庫棉的密林中為藍本。地台沿用自歐美電影系玩具的台座，腳邊根據庫棉的地面鋪設成沙地。這件擷取式場景的整體尺寸約為長7cm×寬6cm×高16cm。

◀這是將各部位零件修整完畢後，暫且全部組裝起來的狀態。雖然是擺設成特定姿勢的固定狀態，但套件本身的體型完全未經修改。

063

ARMORED TROOPER VOTOMS

▼▶強勁酒神是以身處烏德城裡的擷取式場景為藍本。儘管在包裝盒畫稿中是繪製成用雙手持拿重機關槍的模樣，但範例中稍微重新詮釋了一下。整件作品約為7.5cm見方×高12cm的小巧尺寸。

ATM-09-STC STRONG BACCHUS

▲這也是將各部位零件修整完畢後，暫且全部組裝起來的狀態。前臂僅將會卡住肘關節的部分削出缺口，藉此擺出能更穩固地拿住重機關槍的架勢。

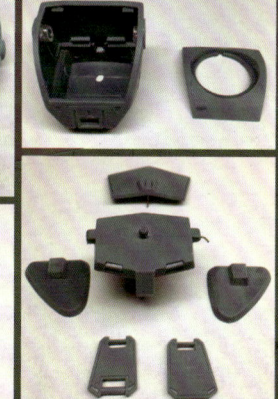

▲▶製作途中照片。各部位都是拆解開進行修整的。由照片中可知，僅管是為了讓關節彎曲的幅度能更大一點，因此削掉會卡住的部分，但基本上都維持了套件原樣。

■前言

我個人並未在《裝甲騎兵》首播時就收看，而是後來透過VHS錄影帶看的，因此只記得些許內容，沒辦法熱情地寫出長篇大論，不過我也還記得包含眼鏡鬥犬在內的AT動起來都和人類很像，看起來也像是真實存在的兵器，真的是一部很熱血的作品呢。這次也就在抱持著心中對這部作品的懷念之餘，一邊回想當年自MSV系列起為各式機器人模型施加舊化的樂趣，一邊製作範例。

製作成固定姿勢擷取式場景的概念如下，強勁酒神是以槍戰場面為藍本，固定成在行動中往前踏出一步那瞬間的姿勢；立龜則是製作成在密林裡緩緩行進時，往前踏出一步的模樣。也就是讓強勁酒神與立龜分別表現出「動」與「靜」的對比。

■立龜

將轉盤鏡頭換成WAVE製H‧眼的零件，天線也換成鋼琴線作為細部修飾。為了能擺出用右腋下夾住火箭發射器的動作，因此藉由切削肘關節部位來調整角度。至於裙甲則是並未固定住，以便將靜靜地踏出一步的氣氛表現得更自然些。

■強勁酒神

和立龜一樣將轉盤鏡頭換成WAVE製H‧眼的零件，天線也換成鋼琴線作為細部修飾。為了能擺出用右腋下夾住重機關槍的動作，因此藉由切削肘關節部位來調整角度。腰部則是除了前裙甲以外，其餘各裙甲都用黃銅線補強之餘，亦調整成稍微有點上掀起的模樣，以便表現出深具動感的那瞬間。為了讓右腿能呈現用力往前踏出一步的感覺，於是也經由切削膝關節部位來調整角度。

■塗裝＆舊化

2架基本上都是用黑底塗裝法來上色。在著重於機體使用環境的前提下，強勁酒神是針對稜邊施加乾刷，並且添加煤灰類汙漬，以及描繪出鏽漬垂流痕跡；立龜則是除了添加鏽漬垂流痕跡和煤灰類汙漬之外，還用為琺瑯漆加入粉彩調出的塗料來增添泥汙。

強勁酒神是拿鋼彈專用漆的特暗灰加上色之源青色調出藍色用來塗裝。立龜則是使用鋼彈專用漆的綠色4來塗裝。

舊化時是使用TAMIYA舊化大師的A、B套組。由於原本附屬的海綿筆已不堪使用，因此改用海綿眼影棒處理，結果用起來還不賴呢。

附帶說明一下，由於套件本身是比較早期的產物，因此水貼紙黏貼上去後變得破破爛爛的，但這樣反而營造出了不錯的感覺喔。

065

絢爛的送葬隊伍

P·ATH-Q01-DT WHITE HONOR

由原型師親自將樹脂套件製作成全可動式模型

《裝甲騎兵波德姆茲 戰場上的哲學家》乃是由高橋良輔監督×機械設計師大河原邦男老師所創造出的全新《裝甲騎兵》神話。這是一部在SUNRISE官方網站「矢立文庫」連載，後來集結成冊，以小說為軸心的官方外傳。這部作品的內容分為前後兩部，白色榮耀正是在前半部《絢爛的送葬隊伍》中登場的AT，此機種曾推出過由MO CRAFT 大輪正和先生擔綱原型師的樹脂套件。範例中正是以該套件為基礎，由大輪先生親自改造為可動式模型。包含駕駛艙、越野滑行裝置、貫釘等機關在內，這件1/48比例的作品可說是充滿了看頭呢。

MO CRAFT 1/48比例 樹脂套件

**P·ATH-Q01-DT
白色榮耀（隊長機）**

製作·文／大輪正和
（MO CRAFT）

MO CRAFT 1/48 scale regin kit
modeled&described by Masakazu OHWA(MO CRAFT)

白色榮耀是什麼樣的機種？
分發給阿博爾格王國近衛大隊第三儀仗中隊，通稱「蒼穹之盾」專用的AT。在阿博爾格國王的委託下，委由研發了狂戰士的昆特星製造這個機種，不僅外觀有共通之處，連性能也足以和狂戰士相匹敵。

裝甲騎兵波德姆茲

ARMORED TROOPER VOTOMS

▲▼重現了駕駛艙開闔和裡頭的細部結構。還按照設定做出了只要轉動左右兩側的圓形細部結構，即可解除駕駛艙扣鎖的機關。駕駛艙內部則是加工裝設了取自超級迷你模型版告死使者的零件。

▶沿襲了狂戰士特色的頭部。宛如騎士頭盔的羽毛裝飾是其特徵。隊長機裝有大型刃狀天線。

▲◀越野滑行裝置藉由穿入軸棒做成可動式機關。腳底也講究地製作出了滑行輪的造型。

▲▼貫釘式長槍藉由更換為2mm黃銅線製作得更銳利。另外，亦可按照設定裝設在長管步槍上。

　各位好，我是大輪。儘管敝公司多年來一直在製作1／48比例的AT，但我搞不好是第一次親自經手範例呢。這次正如字面上所述，是一件「自導自演」的範例喔。基礎套件為敝公司推出的樹脂套件「白色榮耀」。說到配合範例改造的地方嘛，第一個就是將駕駛艙蓋修改成開闔式並重現內部構造。座席和各式機器沿用自超級迷你模型系列的告死使者。總覺得方形會比較好看，於是就從敝公司的紅頭冠沿用了手掌零件。腿部也藉由將膝蓋修改為雙重關節擴大可動範圍，還將越野滑行裝置調整到能夠流暢地展開的程度。為了貫釘式長槍顯得更銳利，因此用2mm黃銅線削磨出的零件重製。再來就是為整體適度地追加了些細部結構。
　下次若是還有這類機會的話，我會試著把這個比例的套件製作得更加精緻喔。

大輪正和
在1990年代時以職業模型師的身分大顯身手。現今為樹脂套件廠商「MO CRAFT」的代表，而且也親自經手製作商品原型。

067

INTERVIEW

[裝甲騎兵波德姆茲 原作&監督]

高橋良輔

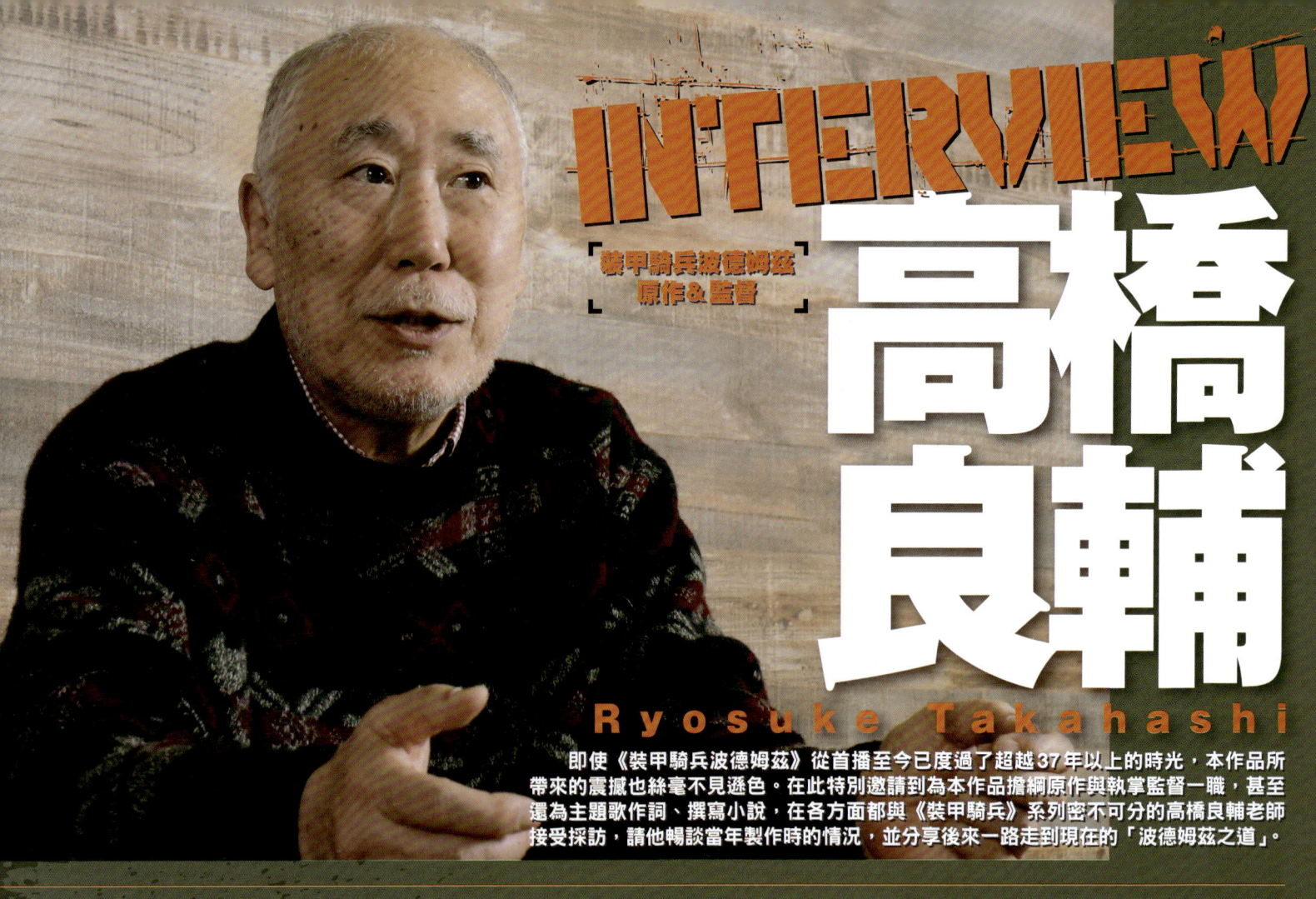

Ryosuke Takahashi

即便《裝甲騎兵波德姆茲》從首播至今已度過了超越37年以上的時光，本作品所帶來的震撼也絲毫不見遜色。在此特別邀請到為本作品擔綱原作與執掌監督一職，甚至還為主題歌作詞、撰寫小說，在各方面都與《裝甲騎兵》系列密不可分的高橋良輔老師接受採訪，請他暢談當年製作時的情況，並分享後來一路走到現在的「波德姆茲之道」。

《裝甲騎兵》至今也仍在持續進化著

「即便眼鏡鬥犬沒有所謂的臉部特徵，卻也能從轉盤鏡頭上感受到表情」。

──《裝甲騎兵波德姆茲》至今仍深受各界支持的理由之一，應該就在於具備了過往機器人動畫所沒有的世界觀吧。

高橋：其實《裝甲騎兵波德姆茲（以下簡稱為裝甲騎兵）》並非一開始就滿懷雄心壯志要做到「任誰都沒看過的動畫！」呢。畢竟之前已經有了《機動戰士鋼彈（以下簡稱為鋼彈）》這部大紅特紅的作品，再加上屬於同一間製作公司，既然如此，要製作動畫的話，尋找嶄新作風可說是一種必然的結果吧。這不僅是我個人的想法，我認為這也是SUNRISE當時想要走的方向呢。

還有一點，我先前從未經手過主角駕駛巨大人型機器人進行戰鬥的作品，也就是並沒有「機器人動畫就該是什麼風格」的先入為主觀念。因此《裝甲騎兵》的作品風格並非刻意為之，而是既然有這樣的主角出現，那麼就該有那樣子的機體……像這樣很自然流暢地建構出了整個作品。

雖然我在《裝甲騎兵》前曾擔任《太陽之牙達格拉姆》（1981年，以下簡稱《太陽之牙》）的監督，但當時是在企畫定案後才加入，機械設計也已由大河原（邦男）老師確定。我被告知故事本身是由動畫來主導，因此我能自由發揮，為

了能更充分運用達格拉姆這架已設計好的機體，我找了同為監督的神田（武幸）先生討論，為達格拉姆的戰鬥裝甲擬定具體設定。

──據說眼鏡鬥犬的設計概念在於吉普車，請問您會這樣選擇的理由何在呢？

高橋：如同前述，我並不熟悉「機器人動畫的經典套路」為何，因此在決定要製作《裝甲騎兵》之後，我便找了過去的所有作品來研究一番。那時我注意到的是，在鋼彈之前的機器人都高大得相當驚人，在設定中也都有著如同超人般無所不能的形象。舉例來說，就算是由富野（由悠季）先生擔任監督一職的作品中，桑達德3也有60m高，泰坦3更是達到了120m。《裝甲騎兵》乃是以具有寫實感的軍武風格為主題，當想像可供人類搭乘的地面兵器是什麼時，率先浮現在腦海中的就是戰車對吧。《太陽之牙》正是融入了屬於戰車的要素和戰法製作而成，由此可知，即使將全高設定為相對地小巧的9m，照樣能營造出屬於地面兵器的強悍感。只不過以雙足步行型地面兵器來說，無論如何都難以表現出速度感。《鋼彈》畢竟是以太空為舞台，就算步行場面很少也不會顯得不自然。那麼就得找個既比戰車小，又有速度感的地面兵器當藍本才行……往這方面去想之後，吉普車顯然就是唯一選項。於是我就把那種宛如緊貼著地面的奔馳感融入了《裝甲騎兵》中。

不僅如此，有別於我們正在進行的企畫，大河原老師也投注了身為機械設計師想做的一切，親自動手做了一件試作品，而且在進一步改良成更易於營造出速度感的造型後，可說是與我心目中所想像的各種場面都十分契合。對於監督和機械設計師的合作關係來說，這真是一種福氣呢。

──完全不具人類臉孔的五官，只設有3顆轉盤鏡頭的頭部也別具特色呢。

高橋：畢竟《鋼彈》中的薩克很具震撼性呢。有前例之後，日本機器人動畫界也就沒必要為機體加上類似人類臉孔的設計了。達格拉姆的頭部是以全世界第一款戰鬥直昇機「AH-1眼鏡蛇」為藍本，儘管是在《鋼彈》出現後沒過幾年，卻已經有了這種概念存在。既然如此，只要為《裝甲

▲駕駛著眼鏡鬥犬與菲亞娜一同在爆炸中馳騁的齊力可。人物與眼鏡鬥犬的尺寸對比也為作品營造出了寫實感。

068 ©サンライズ

騎兵》加上進一步針對機能性特化的要素即可，基於這種想法構思出的，正是轉盤鏡頭。話是這麼說沒錯，但故事中免不了會出現需要利用機體刻畫登場人物心理狀態的場面。達格拉姆有著目視型的駕駛艙，從外頭就能看到駕駛員的表情，但眼鏡鬥犬與駕駛員人機一體的程度已緊密到被揶揄為「鐵棺材」，這是出於要盡可能地遮擋、保護住機體內部駕駛員的概念。因此為了讓機體本身就能展現出駕駛員的表情和行動，大河原老師花了一番心思讓感測器功能全都集中在頭部上，試著藉由該處的動作來營造出角色個性。

——的確，只要看了轉盤鏡頭的動作，即可理解「現在處於什麼樣的狀況」呢。

高橋：轉盤鏡頭在轉動或左右移動時分別象徵著什麼樣的狀況，這些都是經過審慎規畫的演技。我最近因為其他工作所需，重新研究過出崎統監督（※1）的演出手法，卻也從中感受到了，他和我明明都是同時期從蟲製作公司起步的，但身為導演的本事我完全無從望其項背。

出崎監督最強大的武器，就是他親自繪製的分鏡。為了將他的感性透過動畫轉化為影像，必須讓製作成員理解他的意圖。雖然劇本與分鏡都是作品不可或缺的要素，但分鏡最能清楚表達導演的構想，而出崎監督的親手繪製本身即是一種創作。以在《宇宙戰艦大和號》與《超時空要塞馬克羅斯》中擔任動畫導演聞名的石黑昇先生與富野監督等人也以精心繪製分鏡聞名，但在這方面，出崎監督的表現仍最為出色。

由於我並不擅長繪製分鏡，因此採取先將劇本交給分鏡作家處理，再由我對分鏡進行修改或增添內容的方式。畢竟我並不像出崎監督一樣具有能透過分鏡直接傳達自己想做出什麼影像的精力。憑我個人心思能辦到的，頂多就是在設計機械這個時間點具體說明「這架機體的功能是像這樣，環顧四周時，全身要這樣動，轉盤鏡頭則是要這樣移動」罷了。這樣一來，分鏡作家就能畫出與我理想中相近的表現。不僅是轉盤鏡頭，滾輪衝刺、貫擊拳等也都是先個別決定概念，再進行討論，然後比對繪製完成的分鏡與我個人想法是否有落差，這就是屬於我的導演手法。這種做法應該也具體表現在了眼鏡鬥犬的設計上。

故事中出現的那些基爾加梅斯文字，全都是出自擔綱製作設計的井上幸一先生之手，但我其實並未就這方面特別下達過指示，他就主動全部編撰出來了。如今回想起來，不只是這件事，當時製作團隊也都擔綱了一部分創作家的工作，而向來被形容頗具工匠氣質的大河原老師，亦是建構出《裝甲騎兵》世界觀的功臣之一。儘管時至今日可能很難再這麼做了，但在那個時代大家都是這樣做出動畫作品的呢。

「為了喜愛《裝甲騎兵》的各方玩家，高橋良輔今後也將繼續努力創作全新故事」。

——您規畫了烏德、庫棉、桑薩、昆特這4大篇章的理由何在呢？

高橋：那是我反過來利用自己的弱點，可說是一種豁出去了的做法呢。在《太陽之牙》那時，贊助商方面曾跟我說「塑膠模型賣得很好，在商業層面上很成功，你做得很不錯。不過作品的世界稍微有點現實過頭，說穿了就是樸素無奇」。由於對方指出的問題都切中要點，因此製作《裝甲騎兵》時，我希望有能令人更加深入感受到世界觀的美術表現……但無論多麼努力，我對科幻的瞭解終究不夠多，更別說要提升獨創世界觀的水準了，導致陷入不知如何才能找出正確答案的窘境。於是我決定改變做法，想出了既然《太陽之牙》的美術屬於現實風格，亦即只有單一模

▲故事的舞台從第14集開始轉移到庫棉。舞台從原本有如反烏托邦的烏德城一下子變成了密林，這點令許多觀眾倍感驚訝。

由大河原邦男老師親手製作出來的實物模型

機械設計師大河原邦男老師在《裝甲騎兵波德姆茲》企畫開始前就親手製作出來的實物模型（拿來確認形狀或是在產品提案簡報時作為宣傳等用途的試作品）。高橋良輔監督原本打算以吉普車為《太陽之牙達格拉姆》接檔節目中機體設計的藍本，在看到這件實物模型後，眼鏡鬥犬便於焉誕生。

（協力／兵庫縣立美術館）

FRONT VIEW

SIDE VIEW

REAR VIEW

式，那麼這次就採取結合多個模式來變出新花樣的手法吧。也就是準備了帶出故事開頭的已荒廢近未來都市，還有殘留著濃厚古代信仰的濕地區域，加上被掩埋在廢墟與沙漠下的死亡行星，以及掌握一切關鍵的超科學文明這四大舞台，這樣一來，光是背景從烏德切換到庫棉，詞彙和氣氛就會跟著截然不同。儘管我也很擔心像這樣大幅更動舞台，故事是否還能順利銜接得起來，但即便有點蠻橫，我還是採取了先讓劇情一舉往前大幅推進，再讓故事能在某處銜接回來的表現方式。如此一來，隨著設定的世界改變了，故事也確實地有所進展，就結果來看，這樣做是正確的選擇呢。

——《裝甲騎兵》不僅是世界觀和機械，就連角色的風格也令人覺得相當獨特呢。

高橋：我個人是蟲製作公司出身的，手塚治蟲老師可說是我的師父，他總會將角色視為演員，並且為其備妥個性和行動模式，以便反覆運用，說穿了就是以「明星系統」作為構思的基礎。隨著工作一段時間後，我發現自己也有這個傾向。就像假如有個演員來飾演齊力可這個角色的話，我覺得他應該會用這種表情來那樣演吧，並且往這個方向去延伸想像。就像由銀河萬丈先生配音演出羅契納這角色時，他會散發出宛如馬龍．白蘭度

（※2）的存在感呢。也就是如同在拍電影一樣，藉由深具個性的演員來發揮演技和走位，進而建構出整個故事。

這種構思方式也讓我在開會討論時易於和其他製作成員溝通。尤其是擔綱角色設計的塩山紀生老師本身十分精通好萊塢電影，有時我和塩山老師設想的形象也會恰巧完全一致。由於能夠靠著「這個畫面有那位演員在的話，應該會這麼演吧」這樣的形式溝通，因此他能如實畫出我心目中構思的角色形象。多虧了有塩山老師在，設計起角色來一點都不辛苦，反而還很有意思呢。

——齊力可至今仍是散發獨有魅力的角色呢。

高橋：剛開始時，劇本是由五武東史老師、鳥海盡三老師、吉川惣司老師擔綱的，但吉川老師卻遲遲沒有進展。不過以某個時間點為界，他領悟到「只要不把這部作品當成低年齡層取向的就行了」，於是便文思泉湧起來。《裝甲騎兵》這部作品的主題之一，就是要能理解齊力可這個角色，無論是製作者或觀眾都得歷經「做好心理準備」這個階段。吉川老師做好的心理準備並不是將兒童觀眾整個排除在外，而是看重在既非小孩，也還不是大人的這個年齡層上，亦即希望從國中到大學這個年紀的青少年，都能從自己執筆的劇本中感受到些什麼。不過我們也將即便影像本身是

在描述戰爭，亦要極力避免直接呈現肉體遭到毀壞這類的殘酷畫面一事銘記在心。就算是歷經百年戰爭摧殘，導致荒廢殆盡的世界觀，應該也還是能建構出神祕感才對。儘管我至今也仍在想像究竟能建構出多少神祕感，但似乎確實醞釀出了還不錯的氣氛。

——以當時的動畫來說，像這樣改變觀眾取向是一件很大膽的事吧。

高橋：我們顯然有成功做到切中預設的觀眾年齡層這個目標。以這種作風來說，就算在製作中有外人來干預「應該把預設觀眾年齡層再調低一點」也不稀奇，不過《裝甲騎兵》的贊助商TAKARA和播放電視台倒是都很樂於配合。就某方面來說，這是一部很幸運的作品呢。

——在電視播映完畢後，即使時至今日也仍在透過OVA和小說等形式為整個故事作補充，您對這樣的發展有何看法呢？

高橋：當在心目中創造出一個不可磨滅的角色後，寫起故事來確實簡單多了，但相對地也會產生「那些伏筆還沒好好收尾」之類的諸多缺憾。用來推動《裝甲騎兵》故事進展所想出的設定，其實也是帶出下個階段故事的引子，因此故事越是往後發展，想要收尾的事情就會越多。舉例來說，在OVA《幻影篇》的最後登場，齊力可允諾

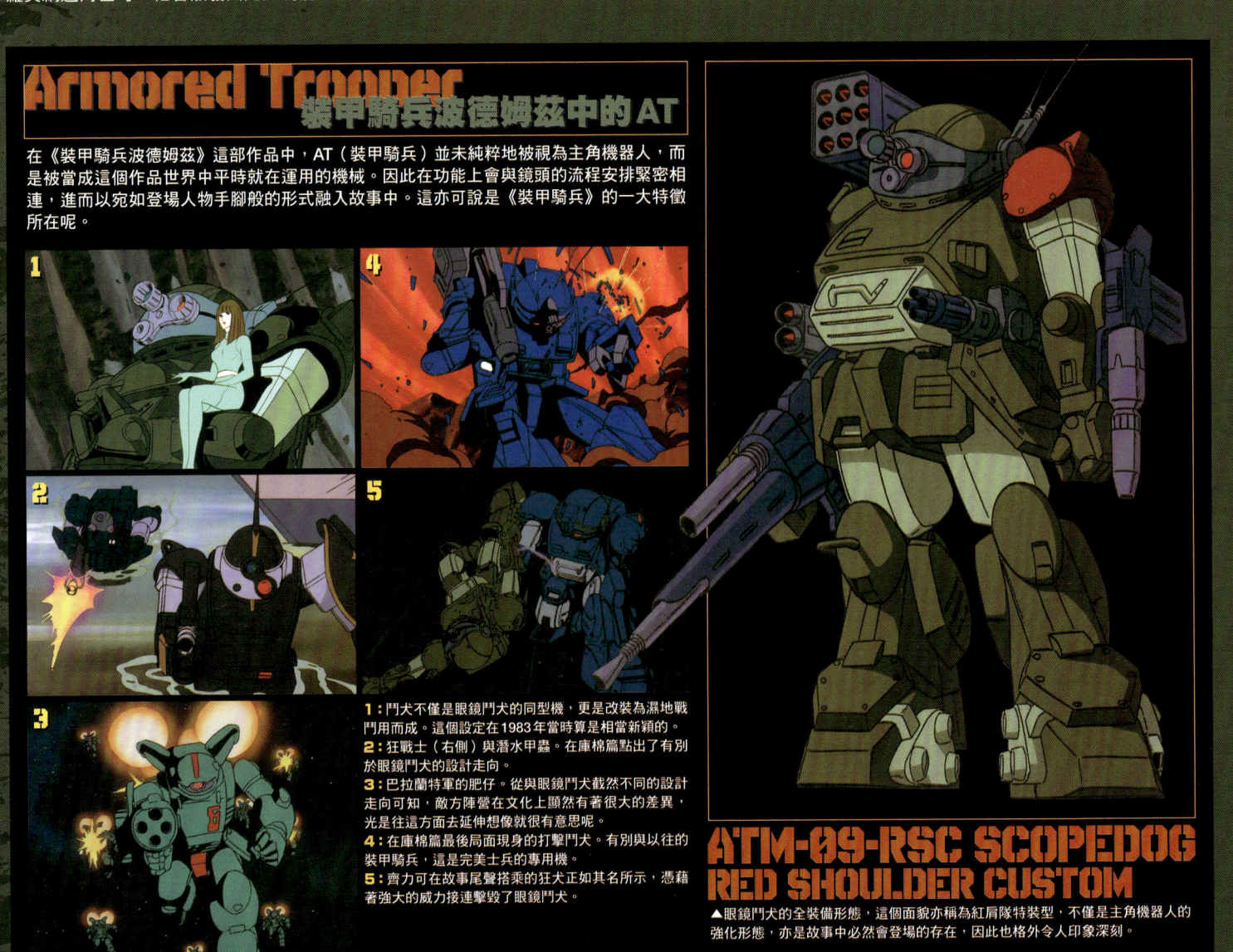

Armored Trooper 裝甲騎兵波德姆茲中的AT

在《裝甲騎兵波德姆茲》這部作品中，AT（裝甲騎兵）並未純粹地被視為主角機器人，而是被當成這個作品世界中平時就在運用的機械。因此在功能上會與鏡頭的流程安排緊密相連，進而以宛如登場人物手腳般的形式融入故事中。這亦可說是《裝甲騎兵》的一大特徵所在呢。

1：門犬不僅是眼鏡鬥犬的同型機，更是改裝為濕地戰鬥用而成。這個設定在1983年當時算是相當新穎的。
2：狂戰士（右側）與潛水甲蟲。在庫棉篇點出了有別於眼鏡鬥犬的設計走向。
3：巴拉蘭特軍的肥仔。從與眼鏡鬥犬截然不同的設計走向可知，敵方陣營在文化上顯然有著很大的差異，光是往這方面去延伸想像就很有意思呢。
4：在庫棉篇最後局面現身的打擊司令犬。有別於以往的裝甲騎兵，這是完美士兵的專用機。
5：齊力可在故事尾聲搭乘的狂犬正如其名所示，憑藉著強大的威力接連擊毀了眼鏡鬥犬。

ATM-09-RSC SCOPEDOG RED SHOULDER CUSTOM

▲眼鏡鬥犬的全裝備形態，這個面貌亦稱為紅肩隊特裝型，不僅是主角機器人的強化形態，亦是故事中必然會登場的存在，因此也格外令人印象深刻。

070

Monument 稻城長沼車站眼鏡鬥犬紀念立像

設置於JR南武線稻城長沼車站前「稻城出雙入對公園」的眼鏡鬥犬紀念立像於2020年3月15日舉辦了揭幕儀式。而且這座立像還是1／1比例的。全高約4公尺的裝甲騎兵果然魄力非凡，令人產生了宛如是直接從《裝甲騎兵波德姆茲》作品世界中跳出來的錯覺呢。

▼這就是眼鏡鬥犬紀念立像。右手拿著重機關槍。頭部的鏡頭部位是以透明零件來呈現。

▲站在眼鏡鬥犬前的正是高橋良輔監督和大河原邦男老師。稻城長沼乃是大河原老師出生成長的故鄉。另外，在立像上也有施加機身標誌和舊化。

◀背面照隅側面照。由照片中可知，立像也做出了備用彈匣和迴轉用地樁。頭部天線製作得相當具有銳利感。

©サンライズ

會撫養長大的嬰兒該如何安排後續發展才好，正是我目前仍在煞費苦心構思的事情。身為一介創作者，無論如何都會希望自己的作品能將一切完整地闡述出來，這可說是一種欲望，或許也能說是一種義務感，而隨著時代和觀眾的變遷，故事也會展露出不同的面貌。由於還得為當年TV版播出時未能描述到的事情和伏筆收尾，因此《裝甲騎兵》至今仍在持續進化著。

有些觀眾曾來信致意，而最多的仍是《裝甲騎兵》。為了回饋陪伴我至今的粉絲，我決定重構阿斯特拉基斯銀河中的某個故事，這便是我的使命。

——正因為高橋監督有這份雄心壯志，《裝甲騎兵》的世界才得以在我們心目中延續下去呢。

高橋：一言以蔽之，我認為《裝甲騎兵》是一部「很幸運的作品」。無論是參與製作的成員，還是播映的時代，抑或熱情支持的各方觀眾，一切都令這部作品獲益良多。並非所有動畫監督都能經手這樣的作品，我認為這是非常罕見的例子。SUNRISE的山浦榮二先生曾直言「你就放手去做吧！」，藉此推了年輕的我一把，只是現在我無法當面感謝包含山浦先生在內，曾參與過製作的所有成員。正因為如此，我們更該珍惜當年第一時間觀看的觀眾，以及至今仍熱情支持的所有《裝甲騎兵》迷。我們絕對不能輕忽這些人的想法，無論如何都得設法滿足他們的期望才行。

——2020年3月在稻城長沼車站前設置了1／1眼鏡鬥犬紀念立像，聽說您和大河原老師有一同受邀出席揭幕儀式，您對此有何感想呢？

高橋：真的讓我嚇了一大跳呢。想不到在首播過了近40年之後，居然能在車站前設置等身大的眼鏡鬥犬立像啊。大河原老師本身即為稻城市的榮譽市民，想來就是為了表彰他的成就和才華，這個計畫才得以實現吧，我個人對此只有滿滿的驚訝與感激之情。

能夠設置在大河原老師的故鄉實在令我開心不已。繼鋼彈、夏亞專用薩克、雙俠狗的紀念立像之後，能夠由眼鏡鬥犬雀屏中選，這應該代表著就算是不曉得《裝甲騎兵》的人，也會受到其震撼力所吸引吧。這也令我重新體會到了，即使是在出自大河原老師設計的諸多機體中，它亦是格外具有力量的作品之一。我歷來曾與各方製作團隊共事過，其中確實有不少人是以《裝甲騎兵》為契機，至今仍保持著聯繫的。光是這點對我來說就是難得可貴的事情呢。

目前我以製作陣營身分參與的三件創作案之一，正與《裝甲騎兵》相關。雖不便透露細節，但正在閱讀HJ科幻模型精選集專訪的各位，不妨將「高橋良輔仍在構思《裝甲騎兵》新作」這件事暫存於心。

（※1）出崎統：動畫監督、導演、劇作家。副監督的作品幾乎都是親自繪製分鏡，在動畫界奠定了自成一派的導演方式。代表作為《小拳王》《網球甜心》《小老鼠歷險記》《咪咪流浪記》《金銀島》《凡爾賽玫瑰》《SPACE ADVENTURE 眼鏡蛇》《戰鬥王》《青潛花園》等諸多作品。

（※2）馬龍・白蘭度：美國演員。憑藉著逼真的演技和個人魅力，被譽為20世紀最具代表性的好萊塢演員。代表作為《薩帕塔傳》《凱撒大帝》《岸上風雲》《獨眼龍》《教父》《現代啟示錄》等。

高橋良輔
1943年1月11日出生，東京都出身。高中畢業後進入蟲製作公司就職，為《W3》《齊天大聖孫悟空》《多羅羅》等改編自手塚治蟲原作的動畫中擔任導演。離職後參與了SUNRISE製作的作品，1973年時《英勇無敵號》中以監督身分出道。擔任監督的主要作品為《太陽之牙達格拉姆》《裝甲騎兵波德姆茲》《機甲界加利安》《蒼藍流星SPT雷茲納》《英雄凱傳摩賽卡》《沉默的艦隊》《餓沙羅鬼》《火之鳥》《森林爺爺與森林小子》《FLAG》《幕末機關說 伊呂波歌》《裝甲騎兵波德姆茲 幻影篇》《裝甲騎兵波德姆茲 孤影再現》《臨死!!江古田》（第6集）等作品。近來推出的隨筆集《身為動畫監督這樣做好嗎？》（KADOKAWA發行）正熱賣中。

▶這張劇照出自TV版的最後一鏡。在歷經了《赫奕的異端》《幻影篇》後，齊力可的故事會走向何方呢？這點令人好奇不已。

吶喊的騎士

藉由細部修飾和塗裝表現
詮釋終極的AT

為《青之騎士BERSERGA物語》系列範例打頭陣的，當然非這架機體莫屬！也就是肯恩・麥克道格最後的座機，同時亦為終極AT的紅頭冠。經由改良肌肉汽缸和聚合物緩衝液後，令驅動系統獲得了大幅度強化。亦強化了裝甲以提高防禦力，就連攻擊力也一併增強了。範例中維持套件本身就十分出色的體型，純粹運用各式技法進行全面性的細部修飾。除了運用矽膠脫膜劑做出漆膜剝落的銀色掉漆痕跡之外，亦施加了其他的舊化塗裝，造就了一件看頭十足的範例。

VOLKS 1／24比例 塑膠套件
ATM-FX ∞ 狂戰士 SSS-X 紅頭冠
製作・文／NAOKI

ATM-FX∞ BERSERGA SSS-X
TESTA-ROSSA

VOLKS 1/24 scale plastic kit
modeled & described by NAOKI

青之騎士BERSERGA物語

BLUE KNIGHT BERSERGA STORY

073

ATM-FX∞ BERSERGA SSS-X TESTA-ROSSA

BLUE KNIGHT BERSERGA STORY

▼只要一提到紅頭冠，肯定會有不少玩家立刻聯想到在HOBBY JAPAN模型專輯《青之騎士BERSERGA物語「BLUE KNIGHT Ⅱ」》的封面主圖模型照片，以及藤田一己老師筆下畫稿中，它豎立起重機關槍持拿在身旁的英姿吧。這款套件中就附有可供擺出該架勢的張開狀手掌零件。

▲駕駛艙蓋的前後兩側能同設定般開闔。座席可供另外販售的1/24樹脂套件「搭乘坐姿 肯恩・麥克道格」（製作／木村學）坐著。

▲▶護盾上可以裝設屬於套件原創武裝的6連裝飛彈莢艙。繼承自超級劊子手的貫釘則是能夠伸縮。另外，護盾表面還運用塑膠材料添加了細部結構。

076

BLUE KNIGHT BERSERGA STORY
ATM-FX∞ BERSERGA SSS-X
TESTA-ROSSA

◀藉由動用2份套件在任務背包左右兩側的武裝掛架上都設置了6連裝飛彈莢艙。

▲在重機關槍和張開狀手掌上分別設置釹磁鐵，藉此更牢靠地持拿住這挺武器。

◀作為塑膠套件的原創機關，腳跟搭載了在啟動滾輪衝刺機能時，可以讓滑行輪外露的機關。該處是設計成只要將腳跟部位向上掀起，即可露出滑行輪的機制。

▲掀起左前臂處的艙蓋後，即可露出50mm榴彈砲。

077

▼雖然在設定圖稿等資料中並沒有畫出乘降姿勢，不過，憑藉著套件中所具備、能靈活彎曲的伸縮機關，因此也能自然流暢地重現乘降姿勢。

◀▲這是經由仔細分色塗裝後，凸顯出頭部後側外露的管線類構造、追加的細部結構等點綴，可說是看頭十足的上半身照片。關於利用塑膠材料和剩餘零件等各式物品所追加的細部結構，請見製作途中照片。

這次我要擔綱製作 VOLKS《青之騎士 BERSERGA 物語》系列主角肯恩的最後座機，也就是1/24 的紅頭冠。呃，好像寫得雲淡風清。但是⋯⋯紅頭冠推出塑膠套件啦！！！對於當年還只是個讀者、從沒錯過文庫小說和 HOBBY JAPAN 月刊上立體作品的我來說，這是非常不得了的大事！！當然也令我欣喜萬分！先前想要《青之騎士》相關模型，幾乎只有 Wonder Festival 之類當日版權活動中的廠商或業餘賣家製樹脂套件這個選擇，能感受到「這畢竟是冷門作品」，也令人對推出一般模型不抱希望之心。如今！沒想到！感激不盡啊！VOLKS 公司！！我必須大聲吶喊出來！

回頭來說紅頭冠的套件吧，總之真的超帥！體型相當壯碩結實，無從挑剔。還以套件原創形式重現了 AT 必備的乘降姿勢，甚至附有原創的選配式武裝（這部分也很帥氣），內容可說豐富到不得了。既然已經如此出色，這次就完全不修改體型和可動機關，僅透過細部修飾和塗裝手法來詮釋。

首先是細部結構方面，套件本身是以設定為準製作而成，自然沒有類似 TAKARA 製 SAK 或 BANDAI 製 1/20 系列的模型原創細部結構。不過，《青之騎士》系列在線條設計上本就比原作 AT 更複雜，視覺資訊量的表現本就不在話下，份量還是一般 AT 的機體成倍多。看到有這麼大的發揮空間，就想親自動手詮釋一番，這正是身為模型玩家的天性呢。難得有此機會，當然要做得徹底一點！於是我從添加細部結構著手⋯⋯結果發現沒完沒了啊！我實在太小看紅頭冠的尺寸啦（笑）！

這次的細部修飾主要分為三種手法。

第一種，以增裝裝甲板為藍本追加凸起狀細部結構。這部分主要使用 0.3mm 塑膠板和市售螺栓狀零件。首先設想哪些部位較易中彈，接著再逐一黏貼用電腦割字機裁切的塑膠板以補強結構。

第二種，追加雕出連線面板和整備艙蓋的紋路。與同樣是追加細部結構、但是做成凸起狀的增裝裝甲板做出區別。另外，可能會頻繁開闔的部位，就利用半圓柱型塑膠棒做出合葉狀細部結構；平時會固定住的艙蓋則是追加螺栓狀細部結構，藉此賦予變化。

上述兩種手法與追加原則，是參考目前述的 TAKARA 製 SAK 或 BANDAI 製 1/20 系列套件。

078

▲重機關槍的瞄準器是沿用自剩餘零件。

◀這是製作途中的全身照。儘管並未修改體型，但看得出來全身各處都追加了細部結構。

◀側裙甲和備用彈匣也是拿釹磁鐵作為連接機制，藉此讓備用彈匣能自由裝卸。

▼股關節一帶和大腿都藉由市售改造零件和雕刻方式追加了細部結構。

▶右肩甲處散熱口裡頭也追加了細部結構。而且還以不會顯得太雜亂為前提適度地追加了刻線。

　第三種，利用市售改造零件和剩餘零件來添加細部修飾。就我個人的看法，使用剩餘零件來為AT點綴時，應該拿同比例戰車的零件來做。由於紅頭冠本身是特大號尺寸的AT，追加管線類細部結構時，尺寸偏大且頗具存在感的機車類零件會更方便好用。

　不僅如此，這次還動用了兩份套件，在背後追加了一組飛彈莢艙，並在左腰際追加了重機關槍的備用彈匣。

　若以故事和設定為準，紅頭冠這架超高性能機體應該不會有多少傷痕和汙漬，可是AT就該髒兮兮的才對味！老天啊～果然是只有一把年紀的大叔才會這麼想（笑）。總之如同前述，範例中在這方面下足了工夫。

　首先是完成表面處理，再將整體塗裝成銀色。接著用噴筆塗佈矽膠脫膜劑，才進行基本塗裝。這麼做是為了運用「矽膠脫膜劑掉漆法」，重點在於可動部位不要噴塗過量矽膠脫膜劑，不然漆會被刮掉許多，這點還請特別留意。基本色都是拿gaianotes製裝甲騎兵專用漆來塗裝的。完成基本塗裝後，即可開始黏貼幾年前就買來囤著的Vertex製基爾加梅斯機身標誌水貼紙，等乾燥後再噴塗消光透明漆來整合光澤感。接著用Mr.舊化漆來為整體施加水洗（漬洗）。以漆筆、精密科學擦拭紙、棉花棒等擦拭後，就用筆刀刀背等刮出掉漆痕跡。待進一步用琺瑯漆乾刷後，就用多種MIG質感粉末來添加舊化。這部分是用來表現乾掉的汙漬，因此不必使用溶劑，只要拿漆筆用輕輕抹上即可，不過光是如此無法充分附著於表面上，需拿硝基系消光透明漆用乾噴方式加上一道透明漆層。

　總之如同前述，這樣就大功告成了，真的有夠大呢！大就是正義！太令人滿足啦！對於經歷過1980、1990年代且熱愛機器人的模型玩家來說，這系列――尤其是紅頭冠能推出塑膠套件，可說是實現了一大夢想呢！感謝VOLKS公司幫我們圓夢之餘，也期待今後能繼續推出這個作品的其他套件！

NAOKI
在機械設計、造型、造型製作等多個領域活躍，多才多藝的創作者。

將祕密組織的最凶悍AT
利用燈光機關詮釋得更為猙獰

　　黑炎乃是在小說第1部「黑炎篇」中與主角肯恩‧麥克道格駕駛的狂戰士展開生死鬥，由異能組織「終極部隊」總帥克里斯‧卡茲所駕駛的專用AT。這架最強也最凶悍的AT乃是由只野☆慶來擔綱製作。包含故事中也提及過，散發出紅光的感測器等部位在內，範例中均製作成了燈光機關。而且亦自製了身穿駕駛服的克里斯‧卡茲模型，得以將朝日SONORAMA文庫版的封面主圖立體重現。

VOLKS 1／24比例 塑膠套件

黑炎
製作‧文／只野☆慶

SHADOW FLARE
VOLKS 1/24 scale plastic kit
modeled&described by Kei☆TADANO

青之騎士BERSERGA物語

BLUE KNIGHT BERSERGA STORY

081

BLUE KNIGHT BERSERGA STORY
SHADOW FLARE

▲▼ 亦搭載了貫擊拳機關。鐵爪部位也可活動。

▼ 由於肩部能往前擺動，因此臂部能自由活動的幅度不小，能夠擺出用雙手持拿重火力砲的架勢。左手除了握拳狀版本之外，亦附有張開狀版本。

▲▶ 細膩重現了設定中裝滿特殊緩衝液的駕駛艙。範例中為了將分配線路用的電子連接器設在圓頂處內側，省略了內裝和透明圓頂零件。艙蓋底下黏貼了圓形蓋子，並黏上鏡面曲面密合貼片做裝飾。用來支撐艙蓋的支架則以1.2mm精密螺絲補強。照片中能看到從任務背包處延伸至頭部面罩裡的燈光機關用配線。

▲為重火力砲的砲管和彈匣區塊施加了分件組裝式修改，以便個別進行修整。

▲持拿重火力砲用手掌、握拳狀左手均用塑膠材料將手腕改成傾斜的，讓姿勢更自然、拳頭更具力量感。

▲套件在零件框架上有雕刻出追加部結構和鉚釘結構，若有部位做無縫處理時被磨掉就能補回去。仔細觀察鉚釘會發現，孔洞部位是很罕見的三角形設計。

▲拿塑膠板將前裙甲基座的卡榫用組裝槽給塞滿，以便調整組裝槽的位置。

084

▲克里斯・卡茲是用美國塑形土製作出來的。往前伸出的食指，以及拇指都是先以1mm黃銅線為芯，以便削磨得更具銳利感。不僅著重於呈現肢體動作的流暢感，亦致力於讓飄揚的頭髮、管線能與肢體動作的節奏相匹配。另外，從肩部延伸出的管線是用3mm鋁線搭配網紋管製作而成，在確定彎曲幅度滿意後，就拿筆刷型瞬間膠塗佈在表面加以固定。

▶主攝影機方面先削挖出用來容納有機EL霓虹線的空間，再為內壁黏貼箔面膠帶作為反射板，然後於圓頂狀額部挖孔，以便霓虹線穿過。溝槽處感測器用霓虹線則是先將零件F5挖穿，黏合固定在該處後，才從內側黏貼箔面膠帶。

▲挖空任務背包背部，作為可裝設2顆4號電池的電池盒。接著挖穿套件的連接器結構，以便與主體電子連接器相連，連接至尾部組件電路板則是IN、OUT兩個電子連接器。

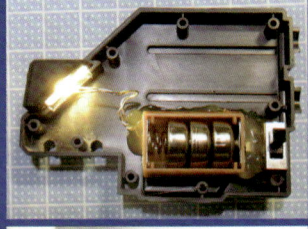

▲重火力砲利用彈匣組件內裝設3顆LR44鈕扣型電池。後設滑動開關，前方感測器則在透明零件處設置晶片型LED，讓燈光能自由開關。

■關於裝甲騎兵特輯

在此說明一下選1／24黑炎作為主題的理由及研發經過。VOLKS向來致力於推出《青之騎士BERSERGA物語》登場機體的樹脂套件，因此以此為基礎計畫推出全可動式塑膠套件企畫，並以SUNRISE顧問井上幸一先生為中心，成立計畫團隊（HJ編輯部也提供了相關資料，並請模型師各自給予建議）。接著便以眼鏡鬥犬21C企畫形式，以連機關面都設計得相當細膩的片貝文洋老師擔綱繪製研發參考用圖稿，據此研發（請參考HOBBY JAPAN月刊2015年8月號1／24比例SSS-X紅頭冠的範例說明文）。接著便陸續於2015年推出SSS-X紅頭冠、2016年推出地獄看門犬VR-MAXIMA、2017年推出黑炎等1／24比例塑膠套件。我還記得自己與片貝文洋老師直接碰面是在黑炎發售後。老師從事知名影片作品的機械設計和美術設計，在各方面的知識量都相當豐富，實際聊過後更是覺得深不可測。

一聽到裝甲騎兵特輯的題材是「黑炎」，他就一口答應提供協助。能有這種打聽內幕消息的機會，身為裝甲騎兵迷當然要問個清楚！當時尚處新冠疫情期間，所以我是透過線上軟體向片貝老師請教研發時的構想。
・故事中提及駕駛艙內充滿特殊緩衝液，具水密性構造，且頭部內設有透明圓頂。從頂部延伸出去的管線為通氣孔，是用來灌注緩衝液的。
・從面罩軌道在兩端都設有開口設計，故該溝槽內應該設有感測器，因此用透明零件來呈現（包裝盒畫稿也基於片貝老師的想法，將主感測器、輔助感測器繪製成發光狀態）。
・將肩部和胸部的肋梁設想為增裝裝甲等物掛架，追加的孔洞則是螺栓孔。
・將重火力砲設計成能將砲管組裝成短砲管型的零件架構。

雖然僅列出部分討論內容，但仍能聯想到後續的發展性，可說是相當耐人尋味呢。

■克里斯・卡茲（無比例）

異能組織「終極部隊」總帥，為經過肉體改造的融機人。既然事關他的愛機黑炎，就不得忽視他。確認過前述機體特徵後，我在頭部感測器設置了燈光機關，但同時陷入了克里斯・卡茲詛咒中。是否該自製他的模型、讓他搭乘進駕駛艙呢？但這樣就無從表現特殊緩衝液等設定啊。對了，或許可以重現單行本第2集（初版）封面的場面！具體表現出身為融機人且企圖掌控阿斯特拉斯銀河的仇敵震懾登場的模樣。沒錯，令我苦惱萬分、漫長而嚴酷的製作歷程就起於這一刻。

試組套件後我開始找地台材料。發現尺寸剛好（25cm見方）的聚苯乙烯（PS）製洞洞板便拿來用。接著拿鋁線、細銅線、黃銅線拼裝出克

086

COLORING DATA

黑＝AT05暗灰色＋超亮黑＋雲母堂CC黑珍珠粉（1：1；少許）
關節＆骨架部位＝gaiacolor紫羅蘭灰（太陽之牙專用漆）＋紫水晶紫（7：3）
火箭砲＝gaiacolor石墨黑
　塗裝後用鋼絲絨研磨，再用各色舊化漆入墨線，然後用銀色系淡淡地乾刷。地台先塗裝成淡灰色，再用白色FS17875施加光影塗裝。
　克里斯・卡茲是以施加單色調塗裝為基礎，頭髮部位按照桃花心木色、GX紅金色、Mr.舊化漆地棕色的順序來塗裝，藉此凸顯出飄逸的層次感。

▼將雕刻在框架上的防滑紋結構黏貼在腰部區塊底面。

▲雖然是不存在於設定圖稿中的模型原創機關，但無需替換組裝即可重現乘降姿勢。

◀▲尾部組件裡設置包含開關和閃爍迴路在內的電路板，並在左側鑽挖2開口，讓指示燈和按壓開關外露。後方組件按壓開關按1次⇒點亮主感測器和溝槽感測器，按第2次⇒緩緩閃爍，按第3次⇒快速閃爍，按第四次關閉燈光（可惜照片無法呈現閃爍的模樣）。

里斯・卡茲的骨架，邊比對與機體間的均衡感，邊為骨架堆疊AB補土做出基礎姿勢。硬化後再為身體和四肢堆疊灰色美國塑形土來做出雛形，然後烘烤硬化。畫稿構圖中有著飄揚黑髮以及似乎是用來操控黑炎的纜線，因此我在其頭部後側插上數根1mm黃銅線作為頭髮骨架。用焊接加上桁架以確保強度後，又纏繞細銅線來加強美國塑形土的咬合力，接著堆疊美國塑形土做出頭髮造型。為了確保他與黑炎間能穩固連接，我拿3mm鋁線搭配網紋管製作出由背部往外延伸的4根飄揚狀纜線。這就是自製克里斯・卡茲的大致流程。

■感測器類的燈光機關
　我找到了有機EL霓虹線，以期呈現出線條狀光源。這本是設置在汽車內裝的裝飾用品，但也能搭配電池組件使用。直徑2・3mm的軟質管線可呈現線狀發光，還能自由剪裁成適當長度。試裝在感測器裡確實能呈現想像效果，便正式採用了。我利用原來的電池盒電路板搭配霓虹線，在任務背包裡設置4號電池，並在後方組件裡設置電路板和開關，藉由背部電子連接器為頭部分接2種系統的霓虹線。考量到後續塗裝，配線刻意做成能透過電子連接器拆解為3大區塊。不過圓頂結構內的配線還是頗佔位置，只好省略透明圓頂結構和內裝，但仍舊經由補強保住了搭乘艙蓋的開闔機關。重火力砲在感測器處採用了內含3顆LR44鈕釦型電池的電池盒和開關，並搭配設置晶片型LED，屬於較單純的配線形式。

■修改部位
　頭部圓頂結構需經黏合和修整，避免縱向感測器處漏光，範例中修改了圓頂結構和面罩外形，確保兩者能黏貼密合。肩甲則是先黏合，再修改成能分件組裝的形式。考量擺設姿勢，讓拿武器的右手和握拳狀左手的手腕傾斜約15度。A和C零件框架上有分別做出追加用細部結構和鉚釘結構，A是用來呈現股間底面和乘降姿勢貼地的防滑紋結構，C則是將肩甲無縫處理後，重新鑽挖開孔、塞入螺栓（應該是存在於阿斯特拉基斯文明圈的內三角孔螺栓吧），兩者都是經過一番考證後才貼心設置的，肯定得好好運用！此外，除了配合燈光機關施加的分件組裝式修改和替換組裝部位，其餘都是直接製作完成。

只野☆慶（タダノケイ）
　從事各種造型、設計和模型製作。特別擅長為40～50歲族群打造的作品，並且在造型與塗裝表現方面具備廣泛的技術，擅長做舊效果（Weathering）。

**藉由刻線和塑膠材料
添加細部修飾
來提高密度感**

　　在主角肯恩‧麥克道格於先前戰鬥中失去狂戰士BTS II之後，作為替代的新座機正是這架地獄看門犬VR-MAXIMA。這架機體為基爾加梅斯軍次期主力AT研發「FX計畫」成果災禍犬的肉搏戰規格，也基於機體配色而被稱為藍色版。範例中為了凸顯出屬於試作機的形象，因此藉由在裝甲面上追加刻線和塑膠材料作為細部修飾。更刻意不施加舊化，力求營造出具有潔淨感的面貌。

VOLKS 1／24比例 塑膠套件
ATM-FX1 地獄看門犬 VR-MAXIMA
製作‧文／GAA（firstAge）

ZERBARUS VR-MAXIMA

VOLKS 1/24 scale plastic kit
modeled&described by GAA(firstAge)

▼除了備有戰鬥用電腦「VR-MAXIMA」之外，還搭載了能藉由專用駕駛服將駕駛員動作和反應傳達給機體的「全面同步系統」。為了與一般規格機體有所區別，因此稱為「地獄看門犬」。是唯一具有足以對抗「梅爾基亞騎士團計畫」核心所在W-1（戰士1號）的戰鬥力，只有舊劣等種能夠操縱的最強AT之一。

▲駕駛艙基本上維持套件原樣。在完成基本塗裝後，僅用白色施加乾刷，藉此營造出與外裝部位不同的質感。

◀▲造型頗具銳利威的頭部維持套件原樣。頭部裝甲和肩甲等處均利用塑膠材料和市售改造零件追加了螺栓狀細部結構等修飾。

▼內部藏有貫釘的護盾，是用塑膠板在內側追加了桁架狀細部結構。

▼這是製作途中的全身照。白色部位是用塑膠材料追加的細部結構。亦能明顯分辨出哪些是追加的刻線。

▲▶這是乘降姿勢。取下掛載於任務背包上的彈匣掛架後，即可進行乘降。受惠於內部骨架構造，能夠毫無壓力且流暢地擺出想像中的乘降形態。

▲貫釘當然可以伸縮。為了避免刮漆，最好是事先用砂紙打磨貫釘表面，藉此騰出可容納漆膜厚度的空間。

COLORING DATA
藍＝鈷藍
白＝中間灰Ⅰ
護盾灰＝中間灰Ⅱ
關節灰＝灰紫色
武器灰＝中間灰Ⅲ
駕駛艙灰＝中間灰Ⅳ
※入墨線之後，用gaianotes製Ex-消光透明漆噴塗覆蓋整體。

◀亦充分地重現了貫擊拳機關。為前臂處追加的細部結構也相當值得注目。

▲這是套件原創的推進器展開機關。將小腿肚背面的艙蓋掀開後就會露出推進器。

BLUE KNIGHT BERSERGA STORY
ZERBARUS VR-MAXIMA

■這次的主題
這次要製作的是VOLKS製1／24比例「地獄看門犬VR-MAXIMA」。這架機體不僅具備AT特有的整體比例架構，在造型上亦一如主角機體風格顯得「有稜有角」，頗具英雄氣概呢。

■該怎麼做呢？
既然收到的委託是「稍微追加細部結構，不用弄髒也行」，就按照平時做鋼彈模型的風格製作。也就是試著營造出有別於CB裝甲和AT預設的髒兮兮風格。

不過，這畢竟是1／24比例套件，光追加刻線會顯得不夠有特色。考量到這比例足以表現出沖壓線這類凹凸起伏感，於是決定採取先黏貼塑膠板，再配合追加刻線的手法。實際動手製作前，我先以鉛筆直接在零件表面描繪出細部結構，審視畫出來的模樣後，只要覺得不滿意就擦掉重來。此外，掌握住疏密有別的原則，避免塞滿面積較大處，並讓各處細部結構具有共通模

式。這些就是本次製作上的特點。

■複習
閱讀本書的讀者中初學者應該不多，但我姑且整理了製作這款套件的流程以供參考。
①試組（總之組裝起來看看。為了便於拆開，因此有事先削掉一部分卡榫）。
②規畫製作計畫（一邊欣賞組裝好的套件，一邊「妄想」接下來哪些地方該怎麼製作）。
③製作（按照先前的妄想進行改造＆修改作業。黏合零件並進行無縫處理，並修改成可分件組裝的形式）。
④為先前的作業收尾（重雕刻線時是使用[BMC鑿刀]，並且使用320號、400號的海綿打磨棒［やすりの親父］進行表面處理）。
⑤噴塗打磨用底漆補土（以會透出底色的程度稍微噴塗[gaianotes製底漆補土EVO灰色]這款底漆補土）。
⑥進行表面處理（一邊確認表面有無留下傷痕，

一邊拿600號海綿打磨棒［やすりの親父］來沾水研磨，磨掉先前那層底漆補土）。
⑦正式噴塗底漆補土（這是正式塗裝的前置作業，必須謹慎地噴塗好）。
⑧塗裝（用噴筆來噴塗硝基漆）。
⑨入墨線（用琺瑯漆來入墨線）。
⑩噴塗透明漆層（在這個階段調整光澤度）。

無論打算製作成什麼風格，幾乎都省不了上述流程。不過隨著多年試錯，我在流程上也會有所增減，使用的工具耗材也會適度更換。希望各位亦能規畫出屬於自己的製作流程。

GAA
在《月刊HOBBY JAPAN》上活躍的機械模型製作者，隸屬於以關西為據點活動的 firstAge。

超級劊子手

根據插畫中所呈現的均衡感
來修改各部位形狀
並且重現故事中的機關

狂戰士為肯恩‧麥克道格專用的AT。將與宿敵「黑炎」交戰後受到重創的BTS加以改造&強化後，完成的機體正是BTSⅡ，亦即超級劊子手。在保留作為必殺兵器的貫釘之餘，亦裝設了基爾加梅斯軍次期主力用AT的肌肉汽缸。不僅如此，隨著採用了噴射滾輪衝刺，更是獲得足以凌駕於「黑炎」之上的機動力。這件範例乃是由打從在HOBBY JAPAN月刊連載之初就經手過諸多青之騎士範例的野本憲一擔綱製作而成。為了讓整體能更貼近朝日SONORAMA版小說封面主圖和插畫等圖稿中的形象，因此採取施加徹底修改的方式來呈現。

VOLKS 1／35比例 塑膠套件
ATM-Q63-BTS Ⅱ SX
狂戰士 超級劊子手
製作‧文／野本憲一

ATM-Q63-BTS II SX
BERSERGA SUPER EXECUSION

VOLKS 1/35 scale plastic kit
modeled&described by Ken-ichi NOMOTO

青之騎士BERSERGA物吾

BLUE KNIGHT BERSERGA STORY

▲大幅度縮減了重火力砲的尺寸。這是經由對前後、左右、上下進行分割加以縮減寬度而成。為了能更貼近插畫中的扳機握把持拿法，不僅自製這個部分，還追加了擺動機關。

▲駕駛艙內是以套件為基礎追加細部結構而成。還如同故事中的描述，在踏板旁追加了側踏板。

◀配合攝影需求準備了1/24比例的肯恩·麥克道格樹脂套件。儘管比例不同，但這件肯恩在造型上是以搭乘狂戰士時的初期面貌為準，因此令這張合照洋溢著如同插畫般的氣氛。

▲將圓頂狀頭部從轉盤處分割，塞入楔形墊片來增高，配合重製角飾並修改成比套件更短的長度。面罩處則是將主攝影機（2連裝）位置往上移1mm，改良鏡頭與面罩下緣的造型均衡感。

◀零件左右分割並用塑膠板做內壁，以在腿後追加噴射滾輪衝刺機關；小腿外側依故事追加噴嘴並將側面的邊修成平行狀。

◀套件胸部前側為左右對稱，但狂戰士應該往右偏，因此將前側面分割以外移。艙蓋和前方面板也用塑膠板來增寬。因防滾架左右裝設位置的間隔會變寬，需加熱軟化轉角處來修正形狀。並分割基座，改為固定在身上。

▲這是乘降姿勢，儘管腿部狀經過大幅度更動，只要利用原有的骨架構造，即可輕易地擺出乘降姿勢。

▲為了調整胸腰間的造型均衡感，增設2.5mm的墊片狀零件。圓盤部位是取自1/20眼鏡鬥犬的零件。腰部正面上側的黃色區塊應為凸起狀結構，範例中使用塑膠板來修正。股關節處則是將軸棒零件（圓盤狀零件）的基座削薄1mm，使之往內移。

ATM-Q63-BTSⅡ SX
BERSERGA SUPER EXECUSION

▲▶製作途中照片與套件素狀態的比較。可知整體形狀經過了大幅更動。

▲▶將貫釘修改成能整根抽出來的模樣。亦製作了BTSⅡ初期「釘尖折斷的貫釘」。

◀▲張開狀左手是以朝日SONORAMA版小說第1集封面為藍本自製的。指頭是用保麗補土為材料切削而成。

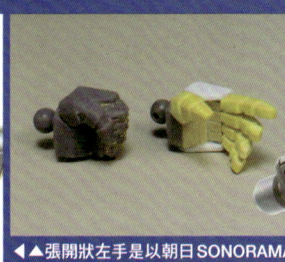

▲▶在噴射衝刺滾輪機方面，展開式滾輪機關為3D列印零件。滑行輪是用壽屋製Ｍ・Ｓ・Ｇ短管等零件拼裝出來的。噴射口組件則是製作成替換組裝式的構造。

■「狂戰士，摧毀那傢伙！」

重新翻閱小說《青之騎士BERSERGA物語》後，1980年代末期的熱情在我的心中復甦了⋯⋯各位好，我是野本憲一。感覺一不小心就會寫成往昔回憶，還是克制一下好了。這次範例主題是VOLKS發售的「1/35比例 狂戰士 超級劊子手」⋯⋯正式機體名為「ATH-Q63-BTSⅡ SX 狂戰士 超級劊子手」。我從很久以前就稱之為「BTSⅡ」⋯⋯總之，這次的製作概念在於設法做得更貼近機體圖稿形象，具體反映出故事中的描述。青之騎士AT在造型上仍有自行詮釋的空間，相當有趣。

就整體來說，範例修改得比套件更苗條些。以不改變手腳長度為前提，將周圍份量修改成內斂些，頭部也從轉盤面予以墊高。為了調整胸腰相連接處的造型均衡感，我在兩者間夾組了墊片狀零件，一併將轉動軸往前移。肩關節則是動用市售改造零件來重新建構，讓臂部上移，拓展這裡的可動範圍。

■「旭日龜的備用零件可還有剩？」

接著是參照故事描述。如同照片中所示，我在腿部背面設置了展開式噴射滾輪衝刺機關。這在設定中是沿用自旭日龜，其運作機制在小說裡這樣描述：「小腿的裝甲板往後放下，使裝設在頂端的車輪能夠接觸到地面」、「設置在小腿背面的噴射引擎隨之點火啟動」。基於這些描述所做出的成果⋯⋯根本就和渦輪特裝型沒兩樣嘛！不過從BTS到BTSⅡ的改變也因此顯而易見，

可說是具有十足的裝甲騎兵風格呢。此外，還根據小說描述追加了小腿側面的噴嘴、任務背包側面的艙蓋、駕駛艙裡面的側踏板之類地方，以及折斷了釘尖的貫釘等部分。

在塗裝方面，為了讓作為機體色的藍色不僅能呈現消光質感，亦能帶有些許金屬質感，因此採用加入珍珠粉來塗裝，這樣一來隨著光線反射角度不同，還會跟著反射出明亮的高光。

野本憲一
暢銷書《NOMOKEN》系列的作者。發表了大量角色模型、比例模型的範例作品與製作教學。

開朗的惡魔

參與戰鬥擂臺賽樣貌
藉由添加戰損痕跡和舊化
營造出硬派氣息

「開朗惡魔」為本作女主角羅妮・夏特萊的愛機。從宇宙用肥仔改造、以通俗黃色為基調；但在羅妮隨和善良的個性襯托下擁有不錯的的支持度。範例中維持套件本身出色的體型，僅以重製了因開模方式而欠缺立體感的細部結構，並用塑膠材料添加精緻修飾。另外運用更井先生向來擅長的多層次色階變化風格施加了舊化，營造出在戰鬥擂臺賽中久經使用的寫實感。

VOLKS 1／35 比例 塑膠套件

B・ATM-03
開朗惡魔

製作・文／更井廣志

B·ATM-03
FUNNY DEVIL

VOLKS 1/35 scale plastic kit
modeled&described by Hiroshi SARAI

▼作為開朗惡魔主武裝的五式手槍是在槍口內塞入金屬零件作為細部修飾，並且塗裝成暗藍色。至於貫擊拳則是為內部機械部位仔細地施加分色塗裝。

▲駕駛艙有一部分是利用市售改造零件添加了細部修飾，至於內部則是將機械部位塗裝成紫灰色，並且把座席塗裝成木棕色。

青之騎士BERSERGA物語　BLUE KNIGHT BERSERGA STORY

097

▲將右肩甲原有的刻線填平,再為表面黏貼0.3mm塑膠板作為細部修飾。原有的條紋標誌則是用遮蓋塗裝方式重現。

▲將噴射口連同基座都換成市售改造零件,用槍鐵色+銀色施加基本塗裝後,再用光影塗裝方式增添燒灼痕跡。

◀▼身體是將駕駛艙零件修改成能夠分件組裝的形式。為了做無縫處理,暫且削掉正面和側面的肋梁結構,再用塑膠材料重製。頂面的機槍則是為槍口塞入市售改造零件作為細部修飾,並塗裝成槍鐵色。

▲將鏡頭的基座內徑予以擴孔,以便裝入比原本更大一號的透明零件。軌道深處也黏貼了蝕刻片零件作為細部修飾。鏡頭旁還追加了原創的輔助鏡頭。至於天線則是削磨得更薄一點。

◀這是乘降姿勢。肥仔特有的沉腰姿勢也維持套件原樣,無需替換組裝即可重現。

098

▲製作途中的全身照。白色與淺灰色處為添加了細部修飾的地方。

▲與右邊套件素組狀態的合照。套件本身設計得很好,因此只前移踝關節、為裝甲面添加細部修飾,在體型上沒有加什麼修改。由照片可知,施加多層次色階變化風格的塗裝和舊化,原本通俗的配色顯得更厚重了。

BLUE KNIGHT BERSERGA STORY
B:ATM-03 FUNNY DEVIL

■前言
開朗惡魔在機體色、名稱及作為女主角座機等方面較為一般,但這次旨在凸顯比例感,力求呈現(在戰鬥擂臺賽中身經百戰)顯得久經使用的面貌。製作上僅做了細部修飾,如黏貼細小塑膠材料、追加鉚釘結構等。

■製作
將轉盤鏡頭的基座內徑予以擴孔,以便裝入比原本更大一號的透明零件。軌道深處也鑽挖了細小孔洞,以黏貼蝕刻片零件。在原有鏡頭旁還追加了原創的輔助鏡頭。至於天線則是削磨得更薄一點。

其身體正面下側有接合線外露,因此將駕駛艙零件修改成能夠分件組裝的形式。另外將機體頂面和兩處輔助艙蓋的基座削磨得更有銳利感。艙蓋正面是先填平原有紋路,再重新雕刻;側面肋梁結構也是先削掉,改黏貼尺寸較細的。至於背包處噴射口則是根據個人喜好換成了市售改造零件。

左肩甲處鉚釘換成市售的同類型零件(1.2mm)。握拳狀手掌則是將拇指一帶的造型削磨得更自然生動。

為了讓腳掌更具穩定感,將裝設位置從骨架往前方移動約2mm。

■基本塗裝
自創焦褐色底漆補土(用各式顏色底漆補土調出)→矽膠脫膜劑(用噴筆塗裝)→基本色→藉由多層次色階變化風格技法讓明度更為多元。儘管配色模式是以設定為準,但為了營造出比例感起見,黃色提高了明度,不過降低了彩度。焦褐色本身則是調得較為明亮些。另外,關節等處都是以機械部位用顏色來呈現。

主體色＝MS黃＋橙色(少許)
主體灰＝灰色FS36081＋紅棕色(少許)
關節等處＝機械部位用淺色底漆補土
輪胎＝鋼黑色

■髒汙塗裝
拿白色＋黃色(少許)筆塗鉚釘等細小高光部位,藉此突顯比例感。整體用Mr.舊化漆的地棕色＋鏽棕色施加水洗→用Mr.舊化漆的地棕色＋陰影藍施加定點水洗→用金屬絲刷刮出較內斂的掉漆痕跡→用消光透明漆噴塗覆蓋。

除了用銀色為機關槍乾刷,還用各種透明色為噴射口施加燒灼痕跡。至於腳邊則是用Mr.舊化漆的地棕色添加了汙漬痕跡。

更井廣志
在第2屆全日本ORA-ZAKU錦標賽榮獲銀獎後正式出道。
至今已邁入第18個年頭,是一位資深模型師,擅長精緻細膩的舊化技法。

SUPER MINIPLA

超級迷你模型
青之騎士BERSERGA物語
就是如此驚人！

儘管超級迷你模型《青之騎士BERSERGA物語》系列為1/48比例的收藏尺寸，卻也憑藉著經過精心設計的外形和可動機關，以及令人熱血沸騰的機體選擇，而讓玩家連連驚艷不已。自Vol.1於2019年7月發售後，到了2020年9月時，已一路推出到包含整霸者和開朗惡魔在內的Vol.4，而且勢頭未見絲毫止歇。最重要的是，隨著Vol.4問世，小說3大篇章的主角機和勁敵機總算湊齊了，可說是令人欣喜萬分。在此也就特別利用曾在HOBBY JAPAN月刊上介紹過的範例，以及為了本書而搶先製作完成的新範例來搭配一番，重現小說中的經典場面！

BANDAI 塑膠套件
超級迷你模型
青之騎士BERSERGA物語
製作／櫻井信之、只野☆慶

製作藍本：《青之騎士BERSERGA物語 吶喊騎士》。
紅頭冠 vs 整肅者

製作藍本:《青之騎士BERSERGA物語》。
狂戰士 超級劊子手 vs 黑炎

BLUE KNIGHT
BERSERGA STORY

BANDAI plastic kit "SUPER MINIPLA"
modeled by Nobuyuki SAKURAI, Kei☆TADANO

製作藍本:《青之騎士BERSERGA物語「K'」》
地獄看門犬 vs 戰士1號

超級迷你模型 青之騎士 BERSERGA 物語
●販售商／BANDAI CANDY 事業部

狂戰士 BTS

Vol.1
2019年7月29日發售
全3種 2300円
※HOBBY JAPAN月刊2019年9月號範例（製作／櫻井信之）

告死使者

黑炎

Vol.2
2020年1月27日發售
全3種 2300円
※HOBBY JAPAN月刊2020年3月號範例（製作／櫻井信之）

地獄看門犬

狂戰士（超級剉子手）

飛輪門犬

狂戰士 SSS-X 紅頭冠

Vol.3
2020年6月1日發售
全3種 2500円
※HOBBY JAPAN 月刊2020年8月號範例（製作／只野☆慶）

災禍犬（綠色Ver.）　　戰士1號

Vol.4
2020年9月14日發售
全3種 2500円
※照片中均為試作品

整肅者　　開朗惡魔　　災禍犬（紅色Ver.）

將整肅者塗裝完成吧！

本書趕在正式發售前取得了紅頭冠勁敵機「整肅者」的試作品來製作！由於是試作品，因此僅為未塗裝狀態的頭部塗裝了紅色紋路，以及用半光澤透明漆噴塗覆蓋整體，然後用Mr.舊化漆的多功能黑施加水洗而已。此商品精湛地重現了在古代地層中發現的來路不明詭異機體，可說是一款傑作呢。

製作・文／木村學

◀亦有重現駕駛艙開闔機關。內部造型也講究地製作出來了。

青之騎士BERSERGA物語 / BLUE KNIGHT BERSERGA STORY

103

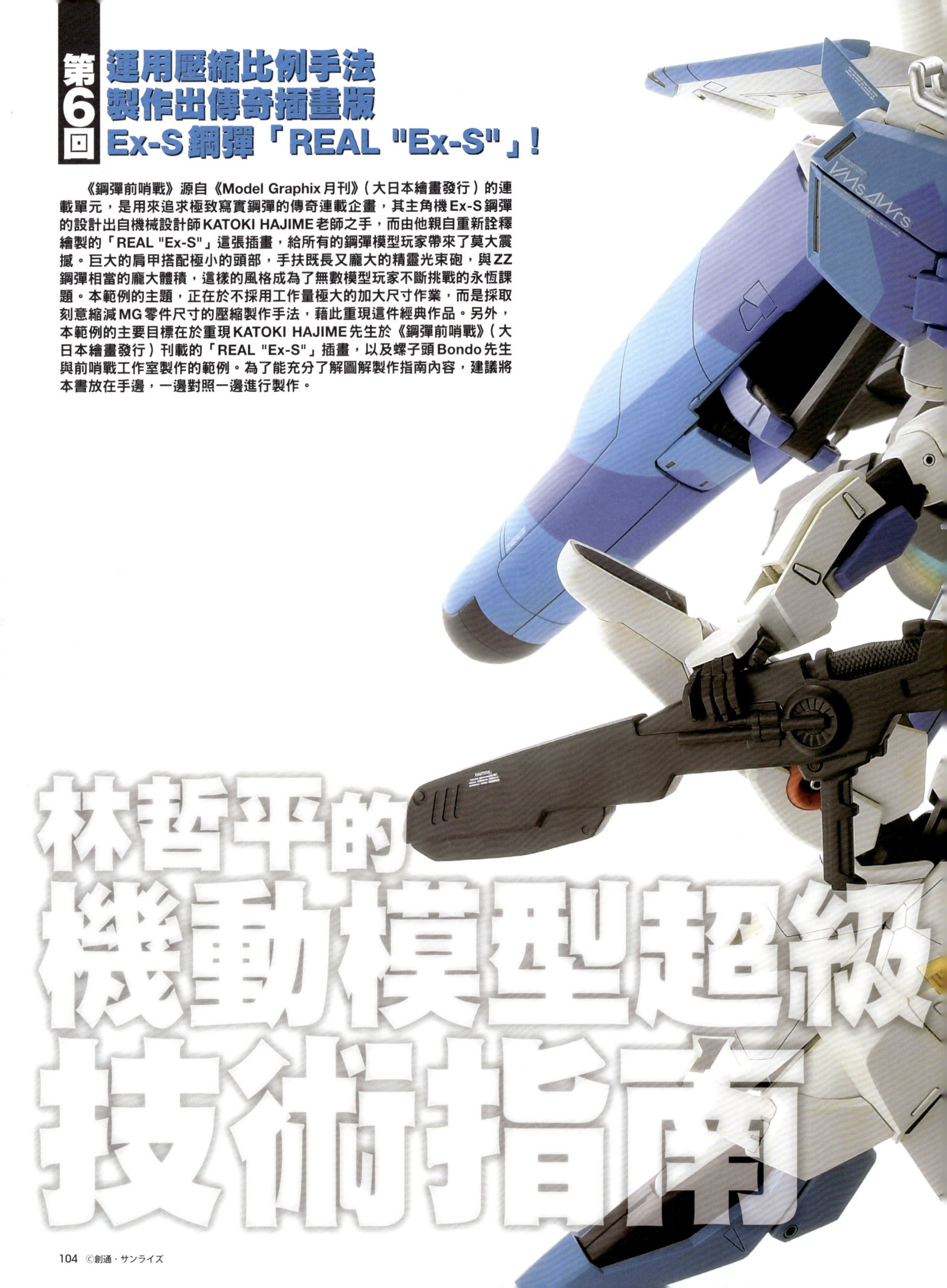

第6回 運用壓縮比例手法製作出傳奇插畫版 Ex-S鋼彈「REAL "Ex-S"」!

《鋼彈前哨戰》源自《Model Graphix月刊》（大日本繪畫發行）的連載單元，是用來追求極致寫實鋼彈的傳奇連載企畫，其主角機Ex-S鋼彈的設計出自機械設計師KATOKI HAJIME老師之手，而由他親自重新詮釋繪製的「REAL "Ex-S"」這張插畫，給所有的鋼彈模型玩家帶來了莫大震撼。巨大的肩甲搭配極小的頭部，手扶既長又龐大的精靈光束砲，與ZZ鋼彈相當的龐大體積，這樣的風格成為了無數模型玩家不斷挑戰的永恆課題。本範例的主題，正在於不採用工作量極大的加大尺寸作業，而是採取刻意縮減MG零件尺寸的壓縮製作手法，藉此重現這件經典作品。另外，本範例的主要目標在於重現KATOKI HAJIME先生於《鋼彈前哨戰》（大日本繪畫發行）刊載的「REAL "Ex-S"」插畫，以及螺子頭Bondo先生與前哨戰工作室製作的範例。為了能充分了解圖解製作指南內容，建議將本書放在手邊，一邊對照一邊進行製作。

林哲平的機動模型超級技術指南

105

林哲平的機動模型超級技術指南

01. 掌握3款 Ex-S 的特質！

▲HG Ex-S 鋼彈是目前最容易製作的套件，比起設定圖稿，套件本身更加注重與其他 HG 系列的鋼彈模型並排時的整體感、一致性，以 MS 來說具有非常標準的體型。

▲這是2019年翻新推出的 MG Ex-S 鋼彈。參考《鋼彈前哨戰》的範例，頭部與胸部都是全新開模製作的零件，成形色與機身標誌也經過更新。能完全變形為 G 巡航機很吸人，但「頭部太大」、「身體太厚」、「肩甲太小」、「腿部太短」等問題在翻新推出前也受到玩家的詬病。

▲當時的 Ex-S 鋼彈套件，這款套件比 HG 更接近當時範例的氛圍。由於研發與問世時間在《逆襲的夏亞》系列之後、《鋼彈 F90》之前，因此品質相當高，是一款製作精良的套件。頭部比 HG 小是其特點。

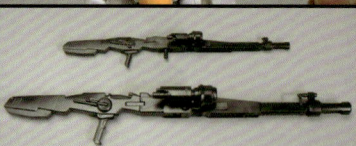

▲這次未按照經典範例進行將 Ex-S 加大尺寸的作業，而是將 MG 的「大尺寸零件」組裝到 HG 上，藉此追求「REAL "Ex-S"」的體型，這是本次的製作手法所在。最引人注目的大型肩甲和精靈光束砲，透過比較 HG 和 MG 的尺寸可一目瞭然其差異。只需移植這些零件，就不需要費事地透過修改複雜構成的肩甲來加大尺寸，還能夠一舉貼近《鋼彈前哨戰》範例的氛圍。

02. 將 1/100 壓縮至 1/144

▲為了配合「REAL "Ex-S"」的均衡感，在此不採用將 HG 版手腳加大尺寸這種的麻煩方法，而是透過縮減寬度和切割來縮小 MG 版的零件。也就是以從 1/100 的零件中取出 1/144 部分的概念進行作業。

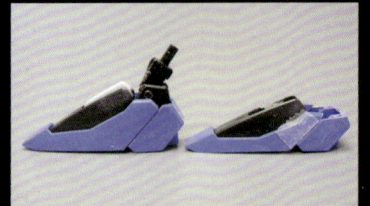

▲腳掌雖然夠長，但直接作為 1/144 使用又顯得太高。這些零件應選擇與細部結構或輪廓無關的部分進行切削縮減。製作時要經常思考該如何有效地利用套件本身的優點。

03. 考量作品的強度！

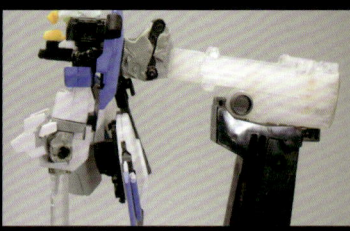

▲雖說是固定姿勢，但 Ex-S 有著巨大的增裝燃料槽和推進背包，承重處比一般的鋼彈模型要來得多。建議在承重部位使用 8mm 黃銅管打樁固定，讓作品的穩定性能提高到極限。

▲螺子頭先生的範例僅用壓克力棒支撐住腰部區塊，考量到作品的穩定性，這次利用背部和腰部區塊進行兩點支撐。支撐棒越少，越不影響外觀，但穩定性會降低。在兩者之間做出權衡取捨也是做固定姿勢作品時的樂趣所在。

04. 徹底解說作業重點！

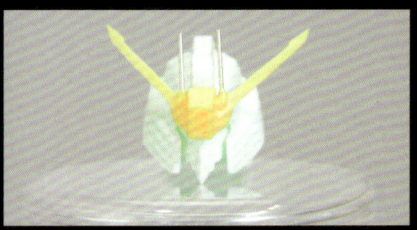

▲「REAL "Ex-S"」的頭部被描繪得非常小，成為「Ex-S 鋼彈的頭部很小」這個形象的起源。當時套件的頭部製作比 HG 還要小，形狀和給人的印象也更貼近《鋼彈前哨戰》角度。將頭盔從黏合面縮窄 0.6mm，切除與臉連成一體的頭部，天線用 HG 的零件縮減尺寸並削磨銳利，兩根小型天線則是替換成 0.5mm 洋白線。

◀身體基本上是將 HG 放大尺寸，移植部分 MG 零件增加層次。「REAL "Ex-S"」的特徵是寬闊的肩甲和精靈光束砲及胸部 I 力場產生器的模樣，插圖中可看出，若要展示正面手扶精靈光束砲的腹部極苗條，身體必須夠長才行，否則會被雷達碟給擋住。

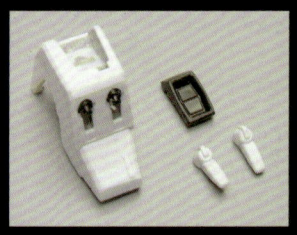

▲胸部中央部分。I 力場產生器及下方兩個感測器在「REAL "Ex-S"」中被描繪得相當大，因此範例中將 MG 的零件套在 HG 上以加大尺寸，也藉此改成像深境打擊型一樣更向前凸出的造型。配合延長的身體做調整，下方也用塑膠板延長 3mm。

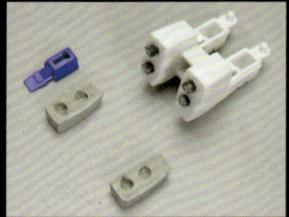

▲如同前述，腹部需要大幅延長。下方用塑膠板延長 3mm，並且用 AB 補土延長 5mm，總共延長 8mm。AB 補土部分設計成可供拆卸，完成時會塗裝為關節色，藉此詮釋為核心戰機的噴射口或機械部分，如此便可避免顯得單調。

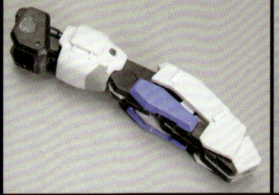

▲身體內部骨架。背面有細部結構，這是拿尺寸大且具有立體感的 MG 零件縮窄移植。為了配合加寬的胸部，將肩部骨架正面分割，塑膠板左右各延長 2mm。由於肩頭骨架的位置較低，因此需要在下方用塑膠板墊高 3mm，使它看起來更為凸出。肩甲和手臂各自獨立，對 MG 原本固定肩部和手臂用的零件（I31、H11、H10）加工，拿 2mm 黃銅線打樁固定，然後用 AB 膠（環氧樹脂型膠水）黏合在身體骨架上。

▲手臂使用 MG 的零件。若要在「REAL "Ex-S"」的位置手扶精靈光束砲，那麼手臂必須比原始套件還要長才行，為了更貼近插畫中的均衡感，這部分也需要縮小尺寸。這裡參考螺子頭先生的範例，將手臂延伸至可扶住精靈光束砲的位置，透過讓罩著外裝的骨架稍微外露這種手法，呈現「盡可能避免像是不自然地延伸手臂」的架構。

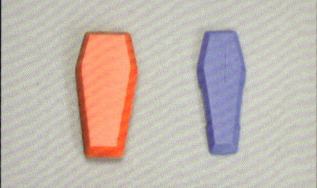

▲在「REAL "Ex-S"」和螺子頭先生的範例中，前臂處六角形零件的形狀較為細長，因此將 MG 的寬度縮減 1.5mm 來使用。這個零件在側面的中間設有缺口，可從該處窺見內部骨架，這是相當顯眼的細部結構，需要確實表現出來。

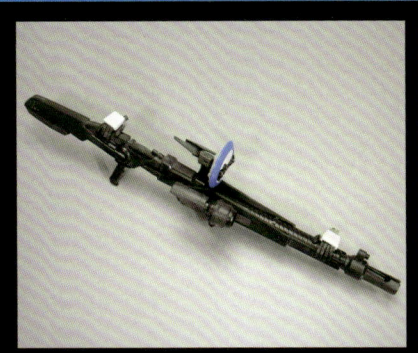

第6回 | 運用壓縮比例手法製作出傳奇插畫版 Ex-S鋼彈「REAL "Ex-S"」!

▲精靈光束砲主體使用無改造的MG。由於手腳縮小，使得砲身看起來相對地大，因此可以輕鬆凸顯出魄力感。握把使用HG的零件並固定在精靈光束砲這邊。為了確保能夠好好地扶住，於是將所有手指分割開來，調整角度後再重新黏合上去。

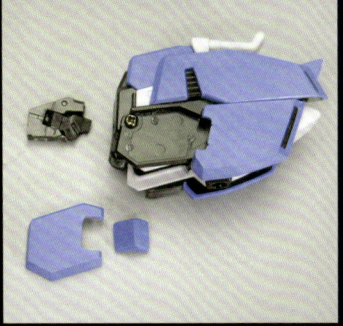

▲肩甲基本上仍使用MG的零件，但在螺子頭先生的範例中，正面區塊是向前凸出的，藉此強調可動骨架的活動範圍和獨立零件感。因此範例中將套件的零件分割開來，更從另一份MG Ex-S移植了肩甲內側的骨架零件並稍微墊高，藉此凸顯這個設計。

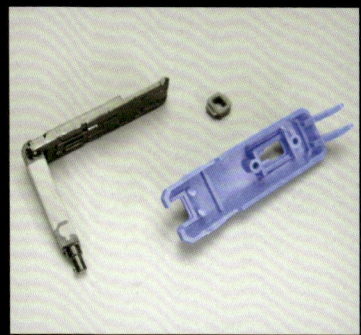

▲增裝燃料槽直接使用MG的零件，但按照原樣會被推進背包卡住導致無法裝設。範例中用兩條黃銅線連接用來將側面護甲裝設到肩甲上的骨架部位（零件I32），再以AB補土修飾延長後的形狀。該設計在螺子頭先生的範例上也能看到，只要將該部位延長，即可像插畫中一樣用朝斜下方往外張開的角度固定住增裝燃料槽。

▲「REAL "Ex-S"」的小腿極為粗壯，說這裡與ZZ鋼彈的分量不相上下可是毫不為過。小腿難以透過將HG放大重現，因此採用縮短MG小腿的方法。這樣一來，以MG標準來看過於細短的小腿就能重生為厚重的1／144小腿。

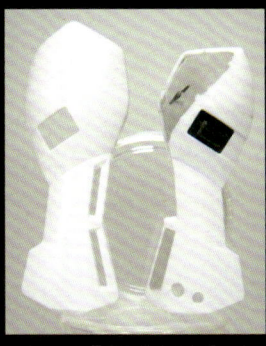

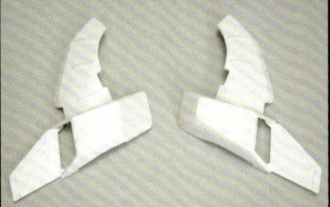

◀小腿側面增裝燃料槽在「REAL "Ex-S"」中是從後方向前隆起的。將塑膠板黏貼在該處，藉此大幅增加分量，這是讓腿部形象能一口氣貼近插畫的一大重點。

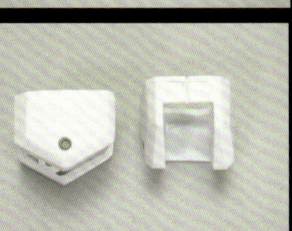

◀縮小大腿下側區塊的寬度，削掉頂部後用塑膠板覆蓋住，並且保留讓軸棒通過的部分。在縮減至剛好能容納關節的尺寸的同時，將寬度縮減至與大腿相當，即可大幅改善均衡感。

▲小腿肚是最需要縮小的部分。在保持寬度不變的前提下，將上方削掉6mm，再經由堆疊AB補土打磨出曲面，這樣即可在無需大幅改造骨架的情況下讓外觀顯著縮小。

▲膝關節使用MG，將寬度縮減至與HG相當。光束軍刀掛架組件直接使用MG的，與膝關節之間的連接部分使用ABS廢棄框架和AB補土來調整固定住，使這部分更緊密地貼合腿部，藉此消除空洞感。

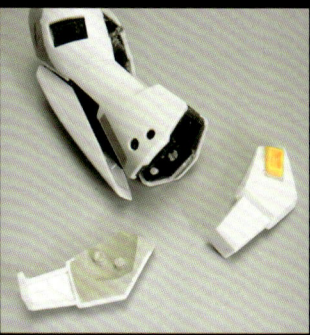

▲「REAL "Ex-S"」的腳踝整流罩組件從Ex-S小腿增裝燃料槽約中間的位置朝斜下方凸出。不使用套件本身的可動軸，而是開兩個3mm的孔，再用AB補土固定。這項作業能呈現讓腳踝大幅縮小的視覺效果。

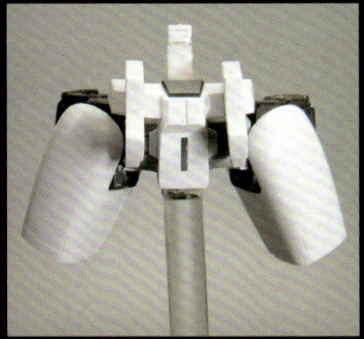

▲腰部使用HG的零件。為了能像「REAL "Ex-S"」那樣將大腿向外側張開並固定角度，使用AB補土製作斜向固定的股關節骨架部位。由於下半身非常沉重，傾倒的風險很高，因此使用8mm的透明壓克力棒從下方支撐住。

▲腰部增裝零件是將MG的零件套在HG的組裝用零件上。不過原本的掛架因為位置過高，導致架著精靈光束砲時會太偏上方，因此暫且分割開來，等用AB補土墊內部並修改角度後，再重新連接上去。

▲如果直接使用套件的可動軸，光束加農砲會大幅偏向外側，因此需要在內部墊AB補土和ABS廢棄框架，以便調整到符合「REAL "Ex-S"」的位置。

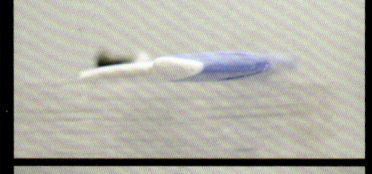

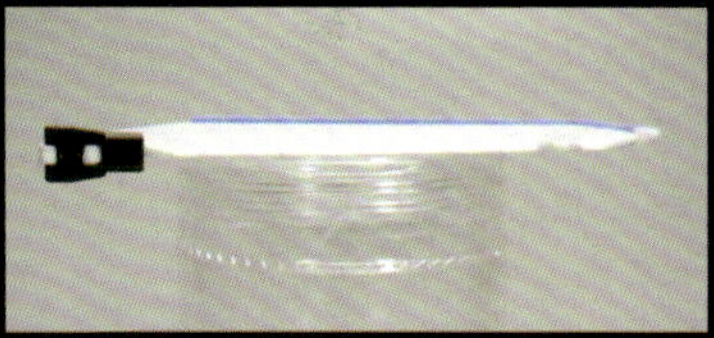

▲為了讓飛行機能藉由機翼產生升力飛行，因此機翼剖面是呈現前端隆起並朝後方平緩下彎的曲線，機翼後側則是如紙一般薄。但套件的機翼為平板狀，於是用固定在墊片上的180號砂紙打磨，使形狀更接近現實飛機的機翼。對所有機翼零件進行這項作業後，即可更貼近著重於真實感的前哨戰MS風格。

▲推進背包幾乎完全使用MG的零件。從正面看背負著巨大推進背包的MS時，推進背包越凸出就越具魄力。從「REAL "Ex-S"」大幅凸出背部的推進背包來看，將MG安裝在HG上是最適當的尺寸。

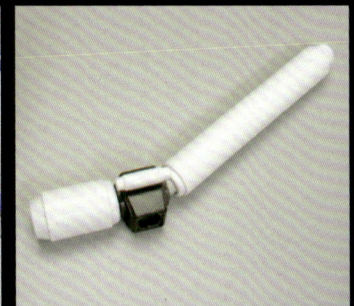

▲大口徑光束加農砲在「REAL "Ex-S"」中呈傾斜向外折的角度，因此需要暫且將套件的連接軸分割開來，改用黃銅線打樁後向外彎曲，再用AB補土填充縫隙。這裡的角度最好設置為大約45度，這樣最終外觀會變得更好。

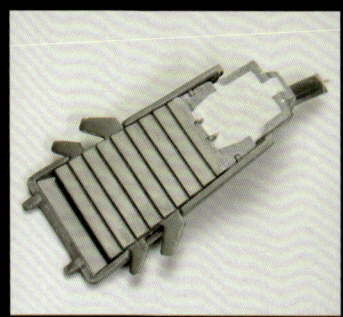

▲主推進器的整流板也是大幅向外展開，因此需要先將組裝軸分割開來，等調整成斜向角度後，再用ABS廢棄框架重新連接到主體上。內側凹槽也要用AB補土填滿，這樣既能作為軸棒的連接部位，同時也能提升密度感。

▲現實的火箭噴射口邊緣非常薄。為追求真實感，將主推進器的邊緣磨到最薄，藉此化解「塑膠模型感」。

107

05. 理解「REAL "Ex-S"」的姿勢！

◀完成作業和表面處理後的塗裝前狀態。胸部是用塑膠板加大HG的尺寸，腹部也配合插畫加以延長。手腳則是將MG縮小，經由壓縮原本就具備豐富視覺資訊量的MG套件，讓這部分的密度能更高。精靈光束砲、推進背包、增裝燃料槽及各部位機翼這類與主體造型比例相關的零件，皆不做任何形狀上的修改。「REAL "Ex-S"」與一般的Ex-S完全不同，最好將其理解成擁有接近深境打擊型的分量，這樣會更容易掌握形狀。

林哲平的 機動模型超級 技術指南

▲在「REAL "Ex-S"」的架構中，扶住精靈光束砲的位置是首要重點。若要保持插畫中的姿勢，就必須將手臂延伸到不自然的程度，這樣左手才能構到。因此最好如上方照片所示，將精靈光束砲配置在像是用左手往內拉的位置。這麼一來，左手就能延伸至指定的位置。

▲拆下精靈光束砲，極其苗條的腹部就會暴露出來。很明顯地，之所以如此設計，是因為在裝設巨大的光束加農砲並張開雙腿後，苗條的腹部會整個陷入身體中，所以應該要有這是為了用固定式模型重現插畫中的模樣，才會刻意扭曲腹部形狀的認知。

▲手臂在MG中是從肩甲延伸出來的，但在「REAL "Ex-S"」中，肩甲和手臂幾乎是各自獨立的，手臂則是從身體的側面延伸出來。這是非常重要且值得重現的重點，但要是當真讓手臂從該處延伸出來，手臂的長度必然不足，導致在立體模型上難以比照插畫的位置扶住精靈光束砲，讓人有種進退兩難的感覺。

▲右臂一帶的架構。從上方將右手放在精靈光束砲網紋管的後方組件中間，右腿光束軍刀掛架組件則是調整到剛好頂住精靈光束砲和右手正後方的位置。由於這三個部分的位置重疊，因此需要仔細調整位置，以免彼此卡住。

▲左臂一帶的架構。將左手擺在砲口後方的隔熱套筒正後方，精靈光束砲並非成水平狀，而是呈由左往右傾斜的角度。光束軍刀掛架組件要比精靈光束砲更往前凸出，引導砲武器艙則是呈開啟狀態。

▲頭部微微轉向左側，而不是朝正前方。「REAL "Ex-S"」的頭部保持水平位置，但考慮到模型所需的立體效果，故將下巴略為往內縮，藉此凸顯精悍的形象。插圖中的頭部其實小，如果能取得頭部更小的「機動戰士鋼彈G骨架」系列PREMIUM BANDAI商品版Ex-S，那麼不妨拿來沿用看看。

第6回　運用壓縮比例手法製作出傳奇插畫版 Ex-S 鋼彈「REAL "Ex-S"」！

06. 前哨戰風格的空氣遠近塗裝法！

▲在「REAL "Ex-S"」的插畫中，從後方散發出橙色的環狀光暈，營造出整個機體呈現暖色調的獨特氛圍。這個部分可以施加濾化，為作品營造出能夠凸顯其巨大感和寫實感的空氣遠近效果，藉此強調當時的範例感，使其更加真實。這裡使用 Mr. 舊化漆，白色部分使用與插畫光暈相同的橙色來調色以施加濾化。Mr. 舊化漆屬於油畫顏料系，在斑點黃中加入少量多功能灰使顏色變得柔和，再加入鎘橘紅、紅土色等油畫顏料，即可調出理想的光暈橙。值得注意的是，並非所有零件都用光暈橙施加濾化，而是在藍色和灰色等各自色系分別加入少量的光暈橙來施加濾化。根據底色使用不同的顏色，即可在保持鮮豔色調的同時，亦營造出自然的空氣遠近感。

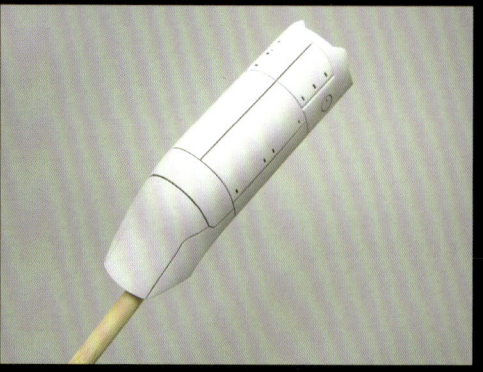

▲先進行前置作業，使用消光黑對整體添加清晰的墨線，輪廓線在插畫中是用黑色描繪的。施加濾化處理時，如果只將滲入刻線的墨線來呈現，那麼墨線就會變成橙色，讓人覺得欠缺重量感。

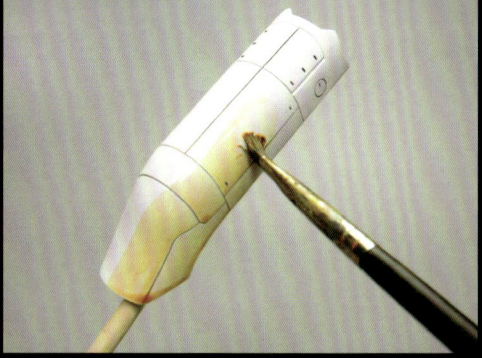

▲將零件處理成消光質感後，為整體塗佈經過調色的光暈橙。Mr. 舊化漆的粒子容易沉澱，因此要記得經常攪拌。

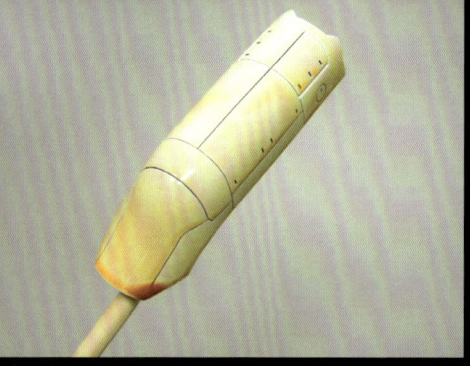

▲整體塗佈後會變成這樣的橙色，但看起來實在太濃了，因此拿面紙用輕輕拍打表面的方式擦掉多餘塗料。這要注意別留下垂流或擦拭過的痕跡。也千萬別忘了，施加這道濾化不是為了做出舊化效果，而是要重現插畫中的形象。

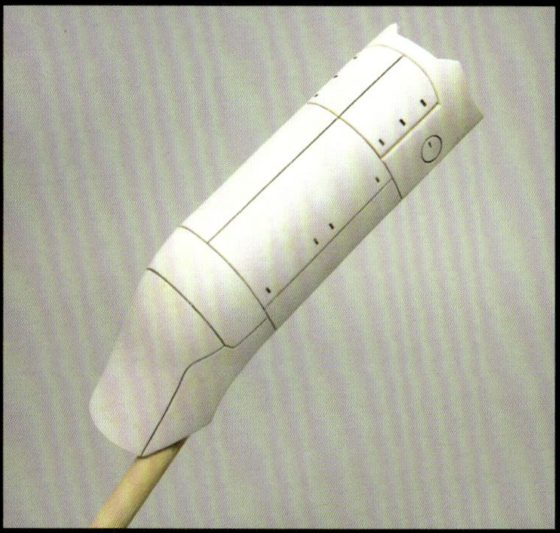

▲施加濾化後的狀態。經由加上薄薄的橙色濾化，凸顯出了巨大感，而各處殘留的橙色顏料，也讓插畫中獨特的朦朧光暈感得以重現。

07. 利用筆塗方式為細部上色！

▲在「REAL "Ex-S"」中，雙眼等多邊形感測器基本上是以偏翠綠色的綠色來塗裝。為了呈現插畫中的氛圍，在此選用單色漆來進行塗裝，首先是拿 CITADEL 漆的魔石綠進行疊色塗裝，藉此營造出微微朦朧發光的形象。

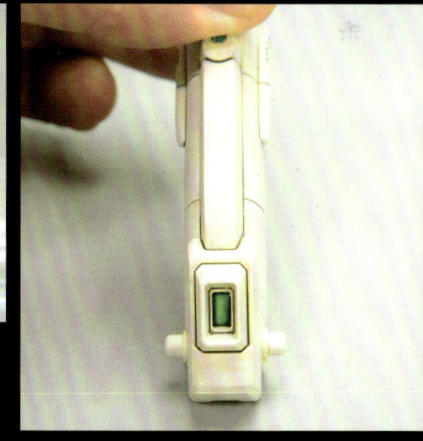

◀ 凹槽處感測器是先塗裝白色作為底色，再滲入 CITADEL 清漆漆的史拉格綠即大功告成。塗料會淤積在四周的凹處裡，使中心略為露出白色，如此一來便能輕鬆重現自然的光影效果。

▶在「REAL "Ex-S"」中，所有的圓形感測器都是塗裝成粉紅色。這裡是應用《戰鎚幻想戰役》的塗裝技術「寶石塗裝」來呈現，利用白色描繪出鏡頭的反光，重現插畫中的形象。先塗裝術士紫作為底色，再加入以聖痕白提高明度的術士紫在中心畫圓，接著用聖痕白點上高光，最後抹上 CITADEL 清洗漆的卡羅堡深紅讓各塗料能融為一體，這樣就大功告成了。

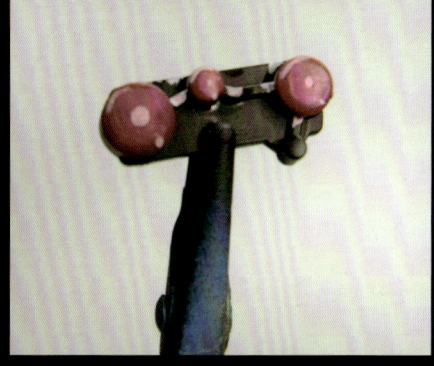

◀ 在塗裝 EX-S 時，最困難的就屬護頰處風葉了。由於該處太細，無法依賴遮蓋方式上色，因此用面相筆來塗裝 CITADEL 漆的衝鋒砲小子黃。塗出界處只要沾取了魔術靈的棉花棒擦拭掉即可。

林哲平的**機動模型超級技術指南**

第6回　運用壓縮比例手法製作出傳奇插畫版 Ex-S 鋼彈「REAL "Ex-S"」！

Coloring Data
配色表

白色＝終極白
天藍＝終極白＋純色青＋純色黃＋極少量純色紫羅蘭色
鈷藍＝超細緻鈷藍＋終極白＋純色紫羅蘭色＋極少量純色藍
黃色＝陽光黃＋終極白
關節色＝Mr.細緻黑色底漆補土 1500＋Mr.細緻底漆補土 1500＋少量純色黃

完成基本塗裝後，使用GX超級柔順型透明漆＋柔順光滑型消光劑＋Ex-透明漆噴塗成消光質感，等施加過濾化後，裁切掉零件附屬塑膠貼紙的餘白部分，並且僅黏貼在「REAL "Ex-S"」插畫中能夠確認的圖樣。只有左肩的「GUNDAM System」標誌是取自鋼彈水貼紙 21「鋼彈前哨戰用」的水貼紙。

為了追求「REAL "Ex-S"」的最高境界

雖然盡了最大的努力，但由於作者的能力不足，導致範例的手臂稍微過長，在比例上有點不太自然。在製作完成後的現在，作者想在此將能夠讓作品更貼近插畫形象的作業要點記錄下來。

肩部要再稍微外側一些

在「REAL "Ex-S"」中，肩部應該設置得稍微更外側點才對。只要看螺子頭先生的範例就曉得，Ex-S鋼彈原本的設計是在肩甲內側有可動骨架延伸連接到肩部。由於個人很堅持當初的製作主題「在不放大肩部的情況下製作出肩部較大的Ex-S鋼彈」，並且優先使用套件結構，因此導致肩寬顯得狹窄，不得不延伸手臂以扶住精靈光束砲。

將肩部塗裝成骨架色

肩部是根據螺子頭先生的範例塗成白色，但這樣一來反而使手臂顯得更長。在插畫中，這部分因為陰影而顯得模糊，如果改為塗裝骨架色，即可減少白色部分，相對地使手臂看起來比較短。

手臂與精靈光束砲的位置調整法

作者是先將精靈光束砲裝設在縮短後的腰部精靈光束砲連接臂上，再根據插畫調整角度，並且以此決定手臂的長度，但這樣反而導致手臂變得更長。因此最佳的手臂長度應該是參考插畫和螺子頭先生的範例。一開始就先將手臂裝到身體上，再配合調整扶住精靈光束砲的角度並固定住，最後才決定連接臂的長度。

精靈光束砲的長度

作者使用的是未經改造的精靈光束砲，但如果能調整精靈光束砲的長度，那麼即使手臂較短也可以扶住。這方面可以先將砲口後方的隔熱套筒分割開來，等縮短約5mm後再重新扶住，這樣即可在幾乎不影響整體造型比例的情況下縮短手臂長度。

■《鋼彈前哨戰》到底是什麼？

突然說這個話題真是抱歉。作者一直想在《HOBBY JAPAN》的書籍中，仿效「Model Graphix風格」介紹「～到底是什麼？」。在第一次鋼彈模型熱潮掀起的鋼彈模型潮流中，《鋼彈前哨戰》可說是一個終點兼巔峰的作品。帶動鋼彈模型熱潮的頂尖人才集結在一起，製作出真正寫實、屬於自己的鋼彈，每翻一頁都能感受到這些人執著的熱情。身為模型玩家及模型雜誌的相關人士，作者打從心底羨慕能夠參與這部作品的人。

■螺子頭先生的範例就是厲害

《鋼彈前哨戰》一書中收錄了由螺子頭Bondo先生與前哨戰工作室所製作，重現「REAL "Ex-S"」這張插圖的立體範例。該範例是由具備多名成員的工作室共同製作，將各自獨立做出的零件整合為一件作品，實在是一件很了不起的事情。每個模型師難免都有自己的習慣，對圖紙的解讀方式也各不相同，在這個情況下還能均衡地整合成一體，

這究竟是多麼困難的一件事，作者認為只要是模型師都可以理解。在製作本次範例的過程中，作者也一直在觀察與省思，但越看越覺得自己無從匹敵呢。

■蘊含巨大可能性的技巧「壓縮製作法」

若要透過放大MG的方式重現「REAL "Ex-S"」的整體均衡感，分量想必將會達到PG全裝甲型獨角獸鋼彈的程度。工作量也會變得非常龐大，即使是職業模型師，花上以年為單位的製作時間也不足為奇。不過，如果在保留1／100原本尺寸較大之處的同時縮小其他部分，藉此凸顯對比效果，採取這樣的「壓縮製作法」來製作的話會怎樣呢？從無到有地製作會很費事，但只要縮減現有的東西就沒那麼困難，能夠大幅縮短作業時間。這個技術並非作者原創的，而是參考自Seiramasuo先生正式以《HOBBY JAPAN月刊》的職業模型師身分出道之前，向《電擊HOBBY月刊》投稿的1／144艾爾鋼Mk-II作品。1／144艾爾鋼Mk-II的比例較為粗壯，延長腹部和四肢是常見的改造方式。然而，Seiramasuo先生卻利用縮小和壓縮套件的方式做出了最佳體型。可說是轉換思維才獲得的結果。壓縮製作法還有另一個優點，那就是原本以1／100來看會覺得很鬆散的套件，一旦縮小到1／144後，密度就會變得非常高，看起來極具立體感。只要觀察將寫實頭身比例MS縮小成SD的作品，應該就更易於理解這種效果。理論上來說，這個技法幾乎適用於所有鋼彈模型，所以作者今後應該會繼續對此進行深入研究。

林哲平
在《HOBBY JAPAN月刊》上相當活躍的HOBBY JAPAN編輯成員。在月刊上也是擔綱圖解製作指南之類的單元，製作範例的本事正如本單元所示。另外，亦精通製作各種領域的模型。

111

懷舊模型獵人

NATSUKASHI MOKEI HUNTER 第6回

主題 最佳機體精選收藏集 No.4 機動戰士鋼彈

自1980年7月發售以來，如今已成為全世界最長銷角色模型的，正是這款最佳機體精選集No.4機動戰士鋼彈。本次將要追蹤它在超過40年以上的漫長時光中經歷過多少微幅更動。

（統籌＆驗證／五十嵐浩司，資料協力／本圖敏明、小山武史）

鋼彈模型正是我的人生

小山武史先生為編撰本回的內容提供了不少協助，還請各位先看看他的評語。「鋼彈模型是在我小學6年級時發售的。儘管每次1／144鋼彈重新販售時我都會確認一下，但版本真的很多呢。儼然已經成為了我畢生收集的志業」。小山先生目前在東京的中野經營一間名為「教授TK」的模型BAR，同時也以YouTuber身分經營教授TK頻道。

網頁／http://professortk.com/

最佳機體精選集No.4初期版本

首先就從應為最初期版本的形式開始介紹起吧。一般來說，所謂初期版本的特徵在於僅附有2柄光束軍刀（一般版本為4柄），以及配色塗裝說明書與組裝說明書是分別印刷在不同紙張上的。不過最初期版本除了前述的特徵之外，尚有26號零件上僅設置了縱向凸線結構這點，該處和日後的「縱向凸線結構＋圓形凸起結構」不同。

▲最初期授權認證標籤的特徵，在於最右側「A」的字型稍微細了一點。右方照片中的組裝說明書與配色塗裝說明書是印製在不同紙張上。直到改成4柄光束軍刀版本之前都是採用這個形式。

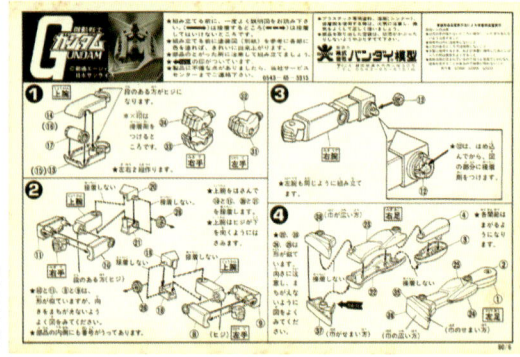

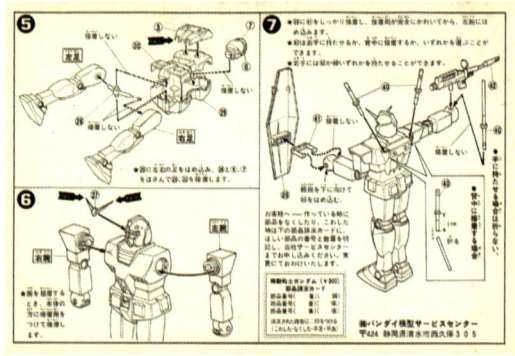

▲26號零件是用來連接腰部和雙腿的連接零件。最初期版本在股關節軸棒上設置了縱向凸線結構（P115有刊載日後的其他版本）。

▲包裝盒正面。在1990年代修改版權標示（COPYRIGHT）之前，正面的設計基本上都是這個模樣。在左下角放著駕駛員人物圖像的版面設計形式，後來也由其他商品沿襲下去。

▲這是內袋未開封的零件狀態。可以看到在最左邊僅有2柄光束軍刀。包裝袋僅用熱壓方式封口，膠水則是直接裝在內袋裡。

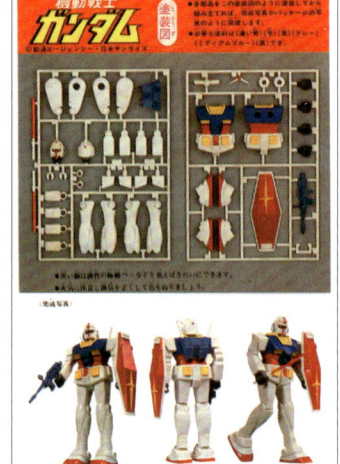

▲在配色塗裝說明書上印有1980年6月發售的標示。從配色塗裝說明書上的零件圖可知，光束軍刀僅附有2柄。

各版本辨識重點

接下來要對最佳機體精選集 No.4 機動戰士鋼彈自 1980 年起到 2020 年所發售的各種版本進行驗證。附帶一提，由於篇幅有限，因此包含成形色差異和製造時期字樣在內，有些辨識重點本回只能忍痛割愛，這方面在日後會另尋機會介紹。

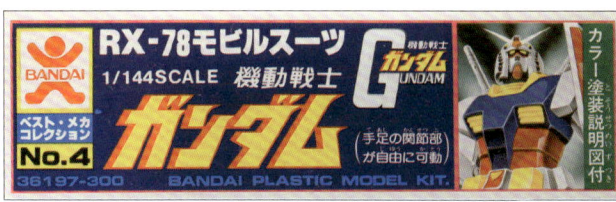

商標

隨著發售廠商由 BANDAI 模型（1980-1983）更名為 BANDAI HOBBY 事業部（自 1983 年起），包裝盒底面的商標設計也隨之有所更改。上方為 BANDAI 模型時代的設計，下方是 BANDAI HOBBY 事業部至今仍在使用的設計。

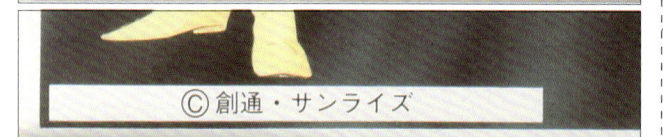

版權標示／授權認證標籤

包裝盒正面的版權標示存在著 3 種形式。最上方為一路生產到 1988 年為止的形式，自 1995 年起生產的便換成中間那種形式，從 2008 年開始則是更換為最下面的形式，而且至今也仍在使用。

▲授權認證標籤在左頁介紹過的初期型式之後，自 1981 年 2 月生產的梯次起，A 字更改為較粗的字型（右方）。從 1988 年開始換成中間的形式，後來到了 1995 年時則是換成左側的形式。

包裝盒裡面

2003 年 7 月生產的這個形式，在包裝盒的底盒裡面印有注意事項。後來這類標示都改為印製在蓋盒的側面或說明書上。

各部位說明

在此介紹說明包裝盒時的通例。在本回中分別將（A）稱為正面、（B）稱為左側面、（C）稱為右側面、（D）稱為底面。

產品編號

包裝盒底面產品編號直到 1983 年 5 月生產的版本為止都是 36197（左方），在 1983 年到 1984 年這段期間更改為 0536197（中間），該期間內的商標也有兩種版本。自 1988 年起則是更改為和現行相同的 008659（右側）。

包裝盒的固定方式

儘管包裝盒的四角基本上是用膠水來黏合，但唯獨 1980 年的初期版本也有另外用釘書針來固定（右方照片）。

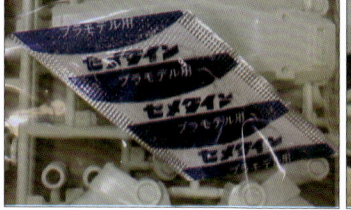

膠水

直到 1988 年為止都有附屬膠水。自 1980 年起是附屬因廉價模型而廣為大家熟知的塑膠模型用膠水（左方照片），只有 1988 年版本是附屬管狀包裝膠水（右側照片）。

113

包裝盒左側面

左側面有著以完成品照片來呈現的商品介紹（A）。1988年時改為取消中間的照片，換成印製注意事項的版本（B）。2002年時新增了產品材質的標示（C）。2008年時新增了包裝盒和照片在規格上有所更動的免責聲明（D）。2015年時取消了注意事項，並且將右側面的鋼彈介紹內容改為放在這裡（E）。

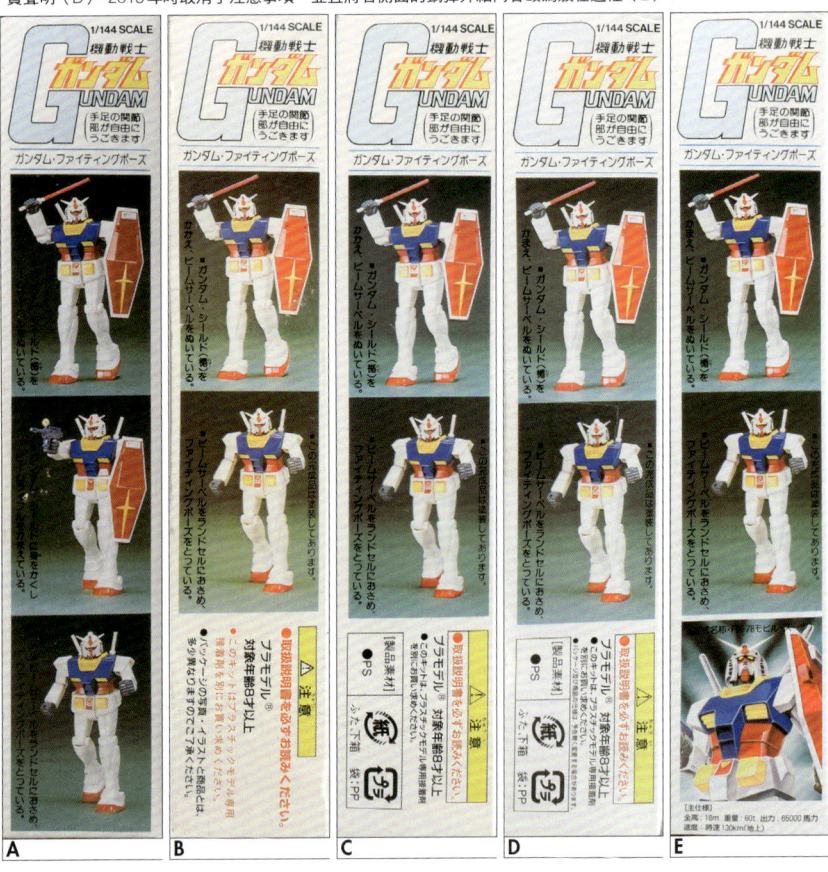

ST標誌

ST標誌為「安全玩具標誌」的簡稱，代表符合日本的安全玩具法規。從編號也能大致推測出發售時期。左方為1980年時的形式，一路使用至1983年。右方為1984年的形式。

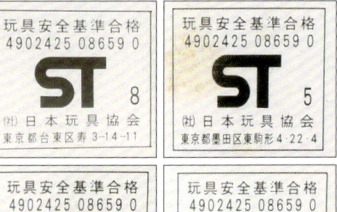

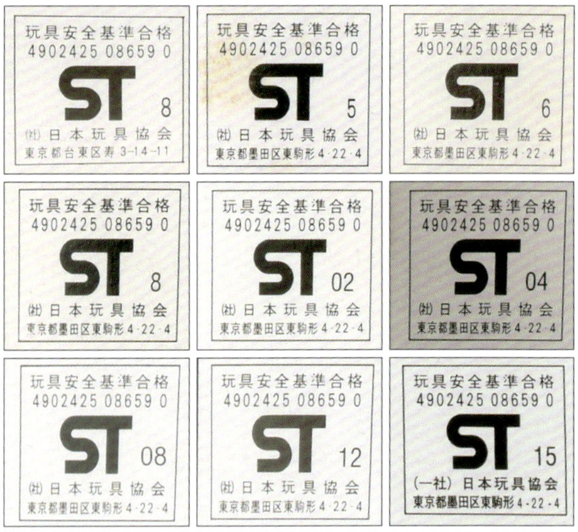

▲上方圖片中為自1988年起的各種形式。自左上角起依序為1988年、1995年、1996年、1998年、2002年、2004年、2008年、2012年、2015年。除此之外，已確認到尚有2010年的。自2020年生產的梯次起則是刪除了ST標誌。

包裝盒右側面

右側面為鋼彈和阿姆羅的介紹（A）。1984年時追加了電腦編號（B）。1988年時刪除了最佳機體精選集的標示和電腦編號，只剩下ST標誌（C）。1995年時刪除了作品標準字，改為印製條碼（D）。1998年時郵遞區號改為7碼，注意事項也改為印製在左側面（E）。2003年時隨著包裝盒和照片的規格更動，因此新增了免責聲明（F）。2015年時除了新增與PL（產品責任法）相關的標示之外，將鋼彈的介紹改放到左側面去（G）。2020年時刪除了ST標誌，適用年齡也更改為15歲以上（H）。

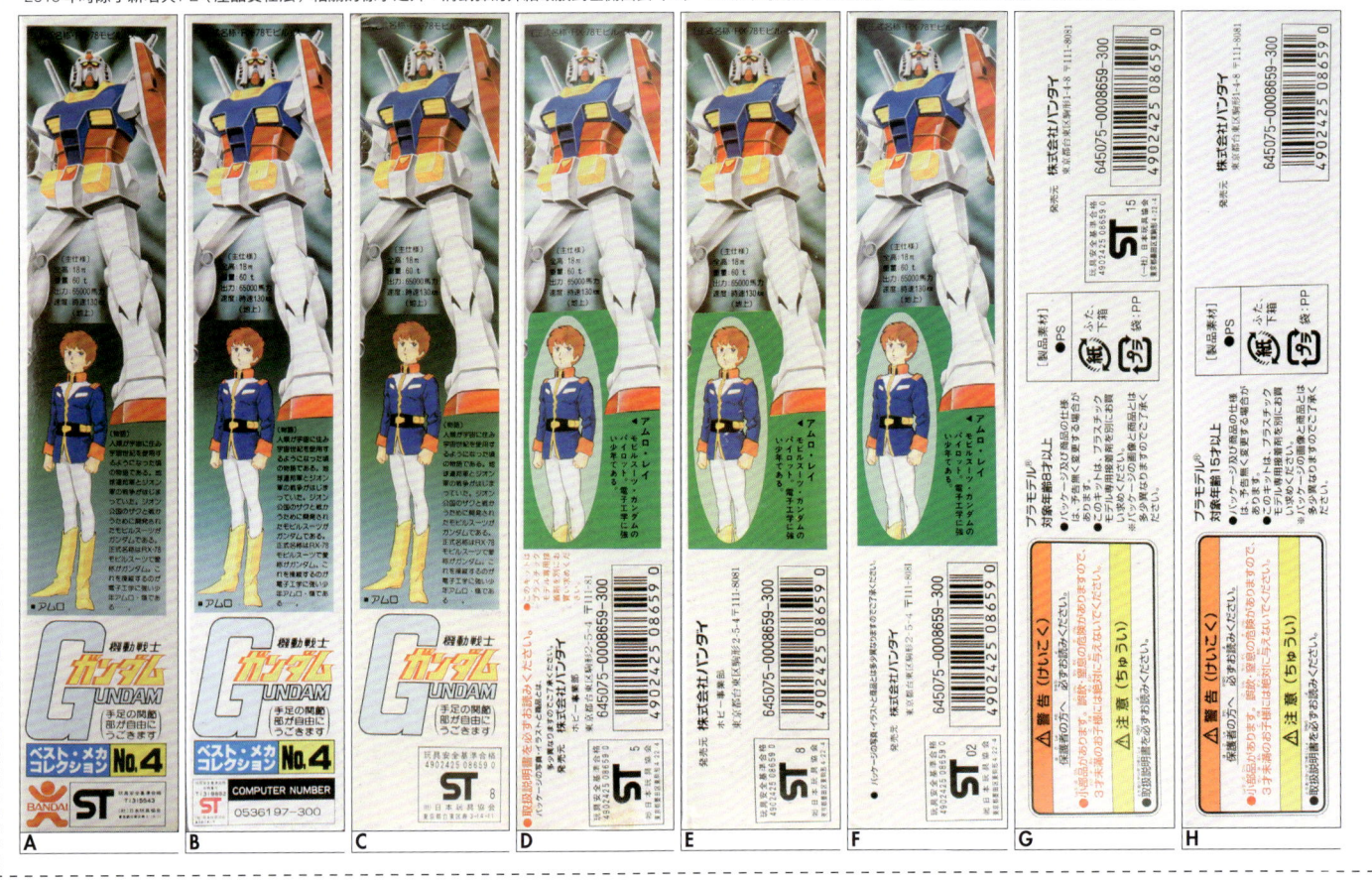

組裝說明書

自1981年2月生產的版本開始，配色塗裝說明書與組裝說明書整合在同一張紙上印刷，光束軍刀的照片也更改為4柄版本（A）。自1981年5月起，塗料的說明更改為「鋼彈專用漆套組」（B）。1982年2月追加了塗裝時的注意事項（C）。自1982年8月起追加了推薦使用水性漆和膠水相關的注意事項（D）。自1983年5月起生產廠商更名為BANDAI HOBBY事業部（E）。

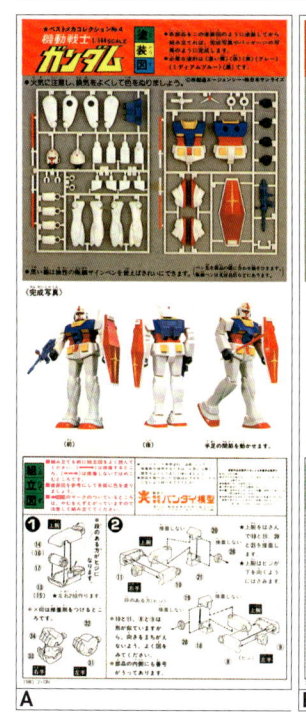

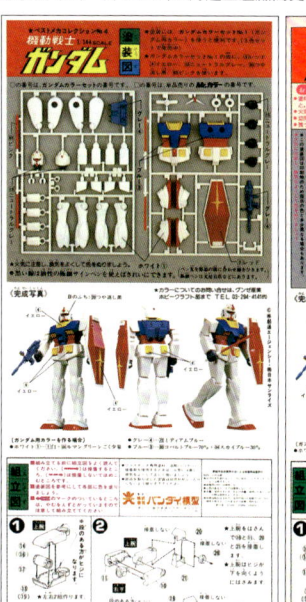

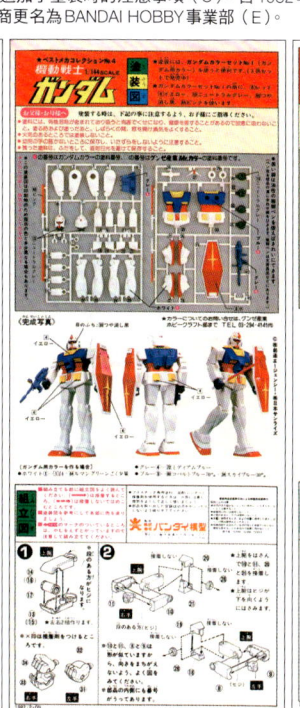

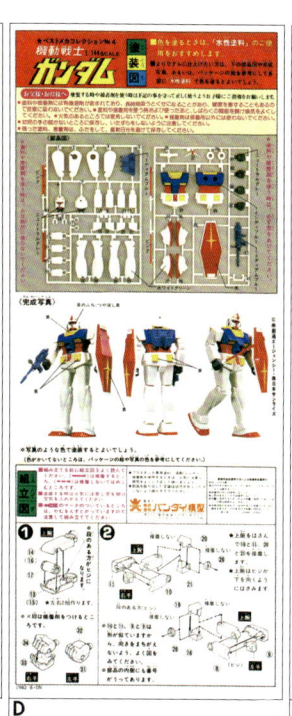

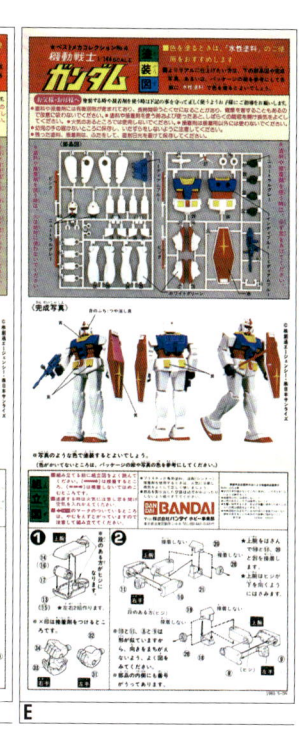

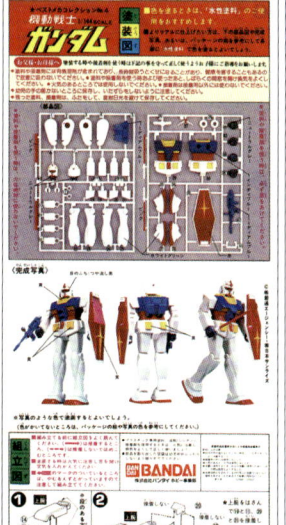

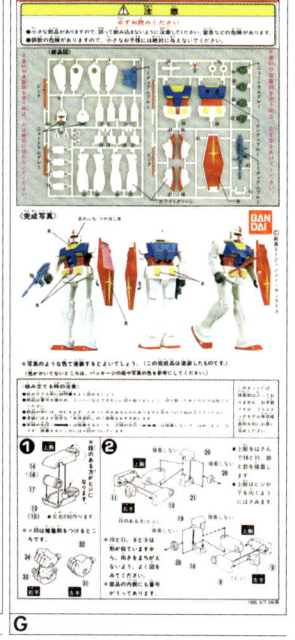

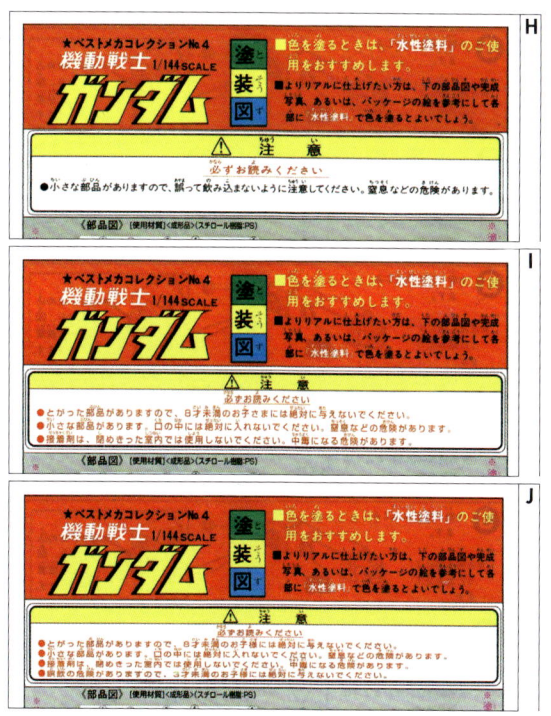

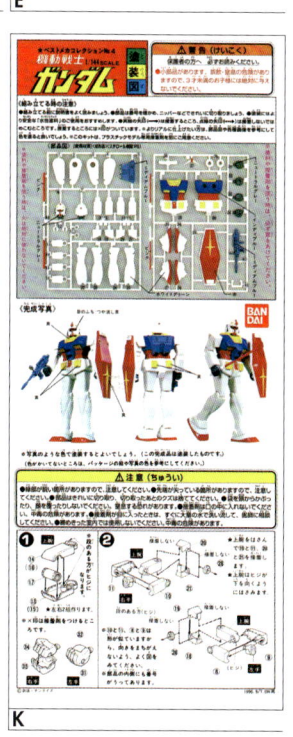

▲自1988年生產版本起刪除了廠商地址，背面則是純粹用黑色來印製（F）。自1995年9月起更改了與消費者使用注意事項相關的版面設計（G）。在從（H）到（J）方面，自上起依序為2003年、2008年、2012年的生產版本，注意事項的標示方式會隨著生產時期而有所不同。自2015年生產的版本開始，注意事項的版面設計再度有所更動，並且就此一路使用到2020年（K）。另外，自2003年起背面的內容也會隨著生產時期而有著細微差異。

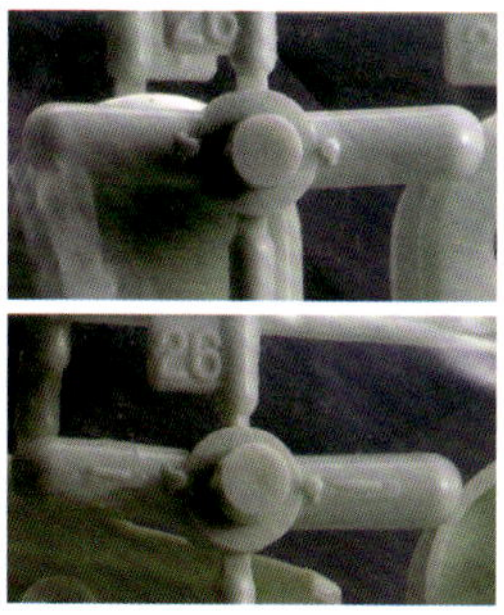

26號零件
自光束軍刀改為4柄的時間點起，股關節零件也新增了縱向凸線結構上新增了避免鬆弛用的圓形凸起結構（上方）。下方是自1988年起進一步新增橫向凸線結構的版本。

頭部天線
頭部天線原為最初期的版本（上），1984年時則更改為較短的版本（中間）。到了1988年時，暫且更改回了原有長度，不過由於為了符合安全玩具法規，在2002年時便改為新增安全片的版本（下）。

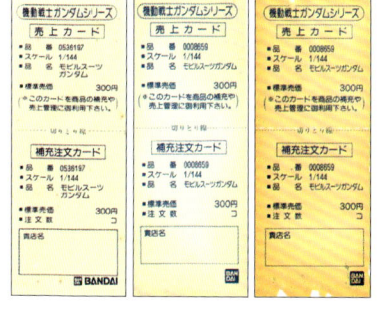

補貨條
在1984到1980年代後半這段期間有隨盒裝入補貨條。補貨條上印有正方形商標＋橫書文字商標的是1984年版（左方），自1986年起則是只剩下正方形商標（中間）。另外，1988年版有在裁切線上加刀模，以便更易於撕開來（右側）。

懷舊模型獵人

韓國生產版（1981）

鋼彈模型熱潮在1981年時引發如火如荼的搶購，但日本國內的需求遠高過產能，只好以韓國生產的盜版商品為基礎，由BANDAI模型修正鋼模並進行販售，可說是相當另類的產品。

▲包裝盒設計整個經過更改，商品名稱換成用英文來呈現，鋼彈也改為使用賽璐珞畫稿。阿姆羅更是換成身穿標準服的面貌。至於最佳機體精選集的編號則是改以「04」來呈現。

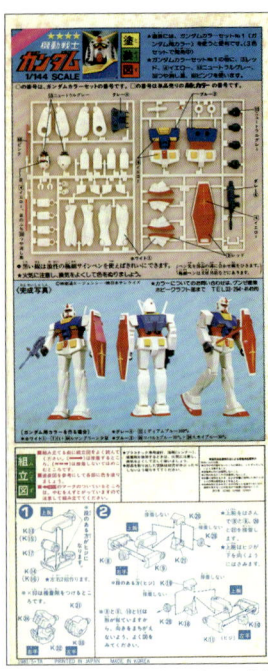

▲組裝說明書。附屬2柄光束軍刀的版本，但與P112刊載的配色塗裝說明書比較後，會發現大腿和腳掌的零件排列方式不同，由此可知使用了不同的鋼模。

▲這是內袋未開封的零件狀態。有著2柄光束軍刀版本（左）和4柄光束軍刀版本（右）存在，4柄的是後期生產版本。

▲ST標誌也與日本版的不同，顯然是另行申請的。此外，最下方的產地標示一開始有誤（左），後來是更正了。

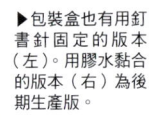

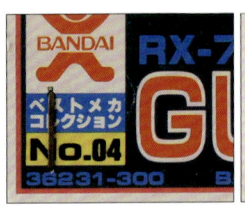

▶包裝盒也有用釘書針固定的版本（左）。用膠水黏合的版本（右）為後期生產版。

▲框架標示牌存在有無溝槽的版本（左），以及無溝槽的版本（右）。無溝槽的僅存在4柄光束軍刀版本。

泰國生產版（1990）

日本國內零售店家在1990年時有上架過泰國生產版本。當時全新設計了包裝盒和組裝說明書。附帶一提，和1981年的韓國生產版一樣，泰國生產版也有1/100的套件存在。

▲儘管包裝盒正面乍看之下沒有大幅度的更動，但產地和版權標示有所不同。

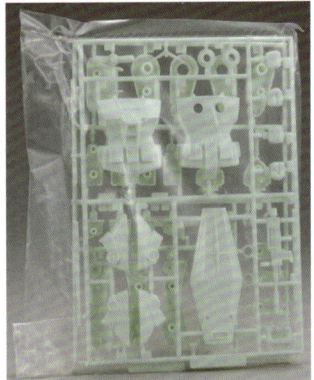

▲這是包裝盒底面。可以看到產地標示上寫的是THAILAND。

◀這是內袋未開封的零件狀態。相較於日本版，塑膠袋的尺寸較大，材質也較厚。框架標示牌上則是刻有MADE IN THAILAND字樣。附帶一提，這個版本並未附屬膠水。

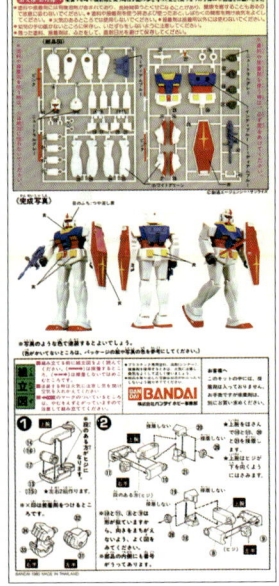

◀儘管版權標示為「（C）創通エージェンシー・サンライズ」，但只要與P113刊載的1995年生產版相比較後，即可發現設置方式明顯地有所不同。

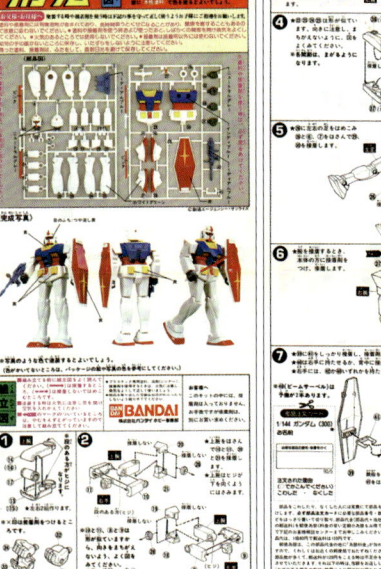

▲這是組裝說明書。折疊的位置與日本版不同，折線是位於中央。記載內容也有些許更動。

各式特別版本商品

本頁要介紹以最佳機體精選集No.4為基礎推出的限定版商品，還有以該包裝盒設計為藍本，由HOBBY事業部以外單位推出的商品。它們也都是這40多年歷史的產物。

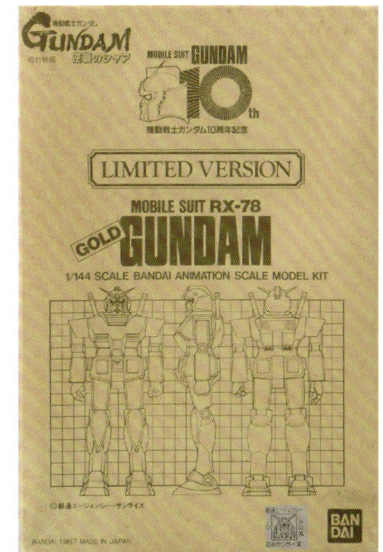

◀▲這是機動戰士鋼彈10週年紀念LIMITED VERSION GOLD GUNDAM。只有透過電影《機動戰士鋼彈 逆襲的夏亞》預售票贈品「發光！SD鋼彈神祕蛋」附屬的抽獎券才有機會取得。組裝說明書是以1980年最初期版本的作為基礎。

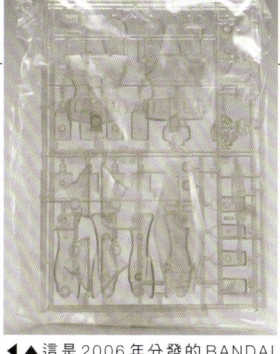

◀▲這是2006年時分發的BANDAI HOBBY CENTER竣工紀念版（右方）。與中間的BANDAI HOBBY CENTER參觀紀念版一樣，屬於內含亮粉的透明版（左側）。附帶一提，這種成色也有使用在2010年發售的機動戰士鋼彈30th鋼彈模型特製BOX中。

◀▲這是於2010年時分發，包含在RG 1/1鋼彈計畫開幕紀念30th套組中的復刻版。包裝盒重現了1980年的版本，只少了ST標誌。和BANDAI HOBBY CENTER竣工紀念版一樣，配色塗裝說明書和組裝說明書是印製在不同紙張上。

▲作為「日經角色！」2005年11月號的附錄，附屬了一份完整的最佳機體精選集No.4。包裝盒是以騎馬釘裝訂方式作為雜誌內頁的附錄。

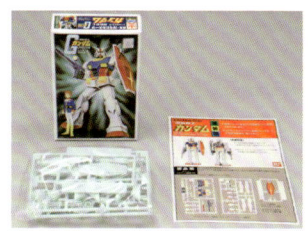

◀這是出自2006年時發售的鋼彈模型收藏集。此系列是將當年的鋼彈模型尺寸縮小為1/2而成。包裝盒和組裝說明書都是刻意仿效1980年版設計的。附屬的卡片有2種，亦有介紹了韓國生產版的款式存在。

◀這是萬代南夢宮控股2015年股東會紀念品的版本。包裝盒上貼有象徵鋼彈35週年的貼紙。內容物和同時期生產的套件一模一樣。

▲這是全彩模型。商品概念為在維持零件框架的狀態下直接全數塗裝完成。這是1988年發售，於中國生產的商品。

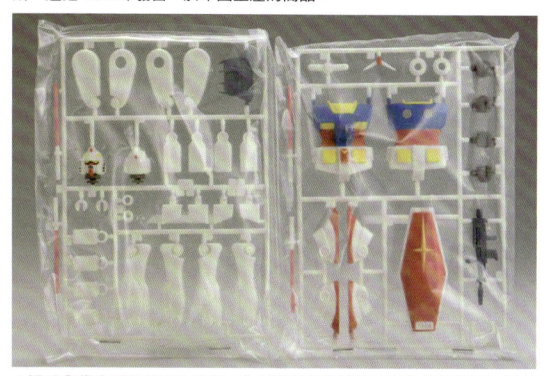

▲這是內袋未開封的零件狀態。為了避免包裝盒裡的零件彼此摩擦，因此分為兩袋包裝。1989年再生產時，零件本身並未發現有更動之處。

▲這是鋼彈模型亮相吊飾。這是只要拉動吊繩就會露出內部零件的吉祥物玩具。為BANDAI轉蛋事業部於2015年推出的商品。

▲這是全彩模型於1989年時以加上「鋼彈10週年限定生產序號」形式再度發售的版本。此時不僅更換包裝盒畫稿，還刪除了開窗設計。

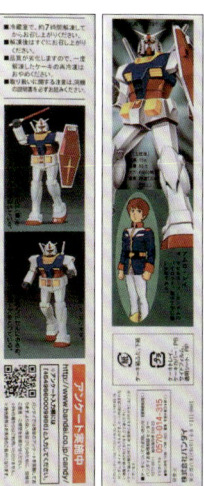

▲2015年發售的鋼彈模型35週年蛋糕所用的蛋糕盒，是以最佳機體精選集No.4為藍本設計而成。不僅是正面，就連左右兩側和底面也都與鋼彈模型的設計十分相似。

機械設計師列傳

SPECIAL TALK　Kunio Okawara

第6回｜大河原邦男

這次終於請到了身為日本第一位機械設計師的大河原邦男老師來接受專訪。配合本期的特輯，在此要請教以《裝甲騎兵波德姆茲》為首的高橋良輔監督作品與大河原老師之間有哪些祕辛。還有自《太陽之牙達格拉姆》起，大河原老師與高橋監督長年搭檔的交集點又在何處？

Profile
大河原邦男■12月26日出生，東京都稻城市出身。在東京造形大學就讀染織設計系，畢業後先到服裝公司工作，後來轉行進入龍之子製作公司任職。在《科學小飛俠》一作中以專門經手動畫機械造型的機械設計師身分出道。1978年起成為自由設計師，代表作為《機動戰士鋼彈》系列、《時空母艦》系列等諸多作品。2015年時推出了個人著作《機械設計師的工作理論（メカニックデザイナーの仕事論，暫譯）》。

《裝甲騎兵波德姆茲》是一部讓我能相當自然地發揮個人設計風格的作品。

──首先想從大河原老師第一次為高橋良輔監督提供機械設計的作品《太陽之牙達格拉姆（以下簡稱為太陽之牙）》請教起。

大河原：這部作品是在1981年首播的，當時正好處於鋼彈模型熱潮的漩渦中，身為贊助商的TAKARA公司也是從「希望能讓塑膠模型暢銷」這點起步。擔綱企畫的SUNRISE公司山浦榮二先生、TAKARA人員，還有我一同開會討論後，提出了以能夠替內部骨架套上外裝零件的半完成品玩具，亦即「雙重模型」為中心的商品推展方案。TAKARA方面還提出了「希望能追求軍武感」和「不必拘泥於機體的臉孔怎麼設計」這兩個要求，既然如此，乾脆把頭部設計成戰鬥直昇機風格的方案也就應運而生。就像描述戰鬥直昇機大顯身手的電影《藍色霹靂號》在1983年相當賣座一樣，繼戰車、戰鬥機、戰艦之後，戰鬥直昇機在當時也風靡一世對吧。我同步設計了以戰鬥直昇機為藍本的頭部，以及一般機器人風格的頭部，得設法與以往的動畫機體設計做出區別，這對我來說是十分有意思的工作呢。後來結果揭曉，塑膠模型的銷售量確實也很不錯，動畫甚至從原訂的4個季度一路延長到播出了共75集呢。

老實說，在機械設計上最費事的，就屬敵方陣營的概念了。儘管達格拉姆沒有所謂的臉孔，但只要仔細留意就會發現，它自胸部以下還是設計得頗有英雄氣概，有著十足的主角機風範，但相對地，地球聯邦軍陣營該往什麼方向設計才好，著實讓我苦惱了許久。這時我獲知與高橋良輔先生同樣擔任監督的神田武幸先生相當喜愛軍武題材，而且還是多摩美術大學畢業的，因此有幸請他提供了許多知識與設計面上的點子。

──設計過頭部為圓頂狀的「索爾提克H8圓臉」，和四足型戰車「螃蟹砲手」等在以往動畫中頗為罕見的機體之後，這份經驗是否也成為您拓展設計範疇的契機了呢？

大河原：當時只要山浦先生和我取得了共識，贊助商就不會介入與機械設計關關的事情呢。況且TAKARA本身也有提出希望《太陽之牙》能更具軍武風格的要求，因此在設計機體方面其實相當自由。這種氣氛我認為是源自鋼彈模型成功大賣後，贊助商對設計方面的要求從「得能夠製作成玩具」，逐步轉變為「只要能暢銷，隨你怎麼自由發揮都行」的過渡時期。

──左右不對稱的造型過去在動畫機體上很少見，不過以《機動戰士鋼彈（以下簡稱為鋼彈）》為契機，後來也變得比較常見了呢。

大河原：其實在鋼彈模型熱潮之前，《鋼彈》的設計範疇就已經明顯地擴大了許多。畢竟提出要讓薩克具有左右不對稱造型的人就是山浦先生，而富野由悠季監督更是一位充滿挑戰精神的人。雖說左右不對稱的造型在作畫時會無法左右顛倒描圖，但我還是想嘗試新的做法。我起初還以為薩克是僅限出現一回的砲灰機體，每一集都會有不同的敵方機體登場，沒想到它直到最後都是以敵方代表性機體的形式上場呢。果然從這個時期開始，動畫業界、塑膠模型業界、贊助商方面有了逐漸在轉變的趨勢。

另外，以鋼彈模型為分水嶺，向來把安全性放在第一優先的玩具和塑膠模型領域也都開始萌生「重現動畫中造型」這個概念，與機械設計的合作方式也因此有了改變。儘管達格拉姆身上並沒有太尖銳的零件，但以當時的觀點來說，它已經算是相當有稜有角的。到了《裝甲騎兵波德姆茲（以下簡稱為裝甲騎兵）》那時，玩具廠商就已經先下好了用軟質材料來製作天線零件之類的功夫。儘管還是有要求得能夠製作成玩具，但遷就於賽璐珞動畫得由手工逐張繪製，因此新增了「在設計方面不能讓動畫師承受太大負擔」的條件，令設計上受到了許多限制。在我剛進入動畫

《太陽之牙》應該是第一部能讓我

※1　實物模型：用木頭之類材料製作的模型。是拿來確認形狀或是在產品提案簡報時作為宣傳等用途的試作品。

▲達格拉姆。由於頭部整個就是駕駛艙，因此能做出以往機器人動畫辦不到的表現。

▲索爾提克H8圓臉。出自設計了名機薩克的大河原老師之手，能感受到嶄新的敵方機體設計方向。

◀阿比提特F44A 螃蟹砲手。由於採用了戰車＋四足型的設計，因此它是比圓臉早一個世代的戰鬥裝甲這個設定極為契合。

WORKS 1

與高橋良輔監督首次搭檔合作的動畫正是《太陽之牙達格拉姆》。達格拉姆在設計上是與SUNRISE企畫室及玩具（模型）廠商一同進行的。就這樣，「臉部整個就是座艙罩」的戰鬥裝甲於焉誕生。

業界的龍之子製作公司裡，所有部門都設置在同一個辦公空間中，當我把設定圖稿交給動畫師時，對方曾挖苦地說「不過是個新人，設計這種線條和凸起這麼多的東西，這樣根本動不起來啦」（笑）。在那種環境裡待了4年以上後，《太陽之牙》讓我不禁認為，這是第一部能讓我相當程度地自由發揮的作品呢。

──那麼接下來想要向大河原老師請教就連您自己也認為是「最理想的機械設計」作品，亦即《裝甲騎兵波德姆茲》（1983年）的話題。

大河原：由於《太陽之牙》正式播出之前，在TAKARA擔任設計工作的泉博昭先生就接連送了立體試作品過來，因此得以讓機械設計在動畫與玩具之間的差異並不算大。但即便忠實地重現了造型，商品仍無法重現出第1集裡腐朽癱坐在地的姿勢，就算是動畫中的其他坐姿也做不太出來。另外，更令我在意的，就屬設定身高會隨著動畫師不同而在詮釋上有所差異，達格拉姆明明只有9m高，可是在動畫中繪製起來卻和18m高的鋼彈沒兩樣，就連在仰角構圖中都難以理解具體的大小如何。這令我覺得必須以第1集裡「腐朽的達格拉姆」作為基準，讓整個故事都能充分傳達出「那是全高約9m的機體」這種比例感，才能解決前述的問題。

因此我認為下一部作品必須讓所有製作成員在機體與人物的對比上取得共識，於是在看過《太陽之牙》第1集之後，我便親手做了一件原創機體的實體模型（※1）。由於能讓全高約9cm的「微星小超人」充當人類搭乘駕駛，因此反過來推算出具體的全高約為4m，我還提前附加了在當時鋼彈模型上很流行的多片式裙甲設計……結果越做越起勁，我才正在想乾脆拿去當作下一部動畫的提案時，便從長古川徹製作人那邊聽說「良輔兄似乎希望下一部作品能有像吉普車那樣充滿汽油味的機體登場」。這對我來說是天賜良機，於是便立刻告訴他「如果要那種機體，那我已經做出來囉」，這正是《裝甲騎兵》的原點所在。接下來為了讓其他人能夠理解裝甲騎兵（AT）的概念，我還構思了各式衍生機型。在動畫主篇中透過概念設計提出的機體，後來還修改為不太一樣的機型在OVA《最後的紅肩隊》《大決戰》《紅肩隊記錄 野心的根源》等作品登場。

《裝甲騎兵》是一部讓我能相當自然地發揮個人設計風格的作品，劇本也非常有意思，就連複雜的設定和規格也能透過動畫師之手的魅力動起來。即使接100件工作也未必能遇上一部這種作品呢。但老實說，起初大家對那顆圓腦袋的評

價都很糟，就連TAKARA方面也表示實在難以贊同這種設計。不過就算如此，畢竟沿襲了《太陽之牙》的軍武風格，況且當下已經是每年都會宣傳「今年度SUNRISE機器人動畫就是它」的時代，因此我認為觀眾們應該也會喜歡才是。

讓聚集在身邊的人們可以充分發揮各自才能，進而創造出規模更盛大的作品，這就是良輔兄的職場處事之道。

──接著想請教關於《機甲界加利安（以下簡稱為機甲界）》（1984年）的事情，您在這部作品中僅經手設計了主角機加利安，算是以客座形式參與製作呢。另外，也想一併請教您關於《蒼藍流星SPT雷茲納（以下簡稱為蒼藍流星）》（1985年）的話題。

大河原：《機甲界》正好是我基於個人因素專注在工作上的時期，由於第一線的製作出現了點狀況，因此才會以「就算是簡單的變形方式也好」委託我設計主角機。我記得自己是一路參與到將出淵裕老師和其他人設計的機甲兵整理到動畫用機體設計列表這個階段。加利安好像也是良輔兄的主意。記得有人跟我說過那是一部奇幻風格的作品，不過同時期尚有安彥良和老師製作的《巨神高古》（1984年），我可能把兩者的印象搞混在一起了呢。

相當自由創作發揮的作品。

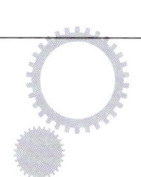

119

我的工作就是盡力去理解監督有何

WORKS 2

繼《太陽之牙達格拉姆》之後，大河原老師與高橋監督搭檔合作的動畫是《裝甲騎兵波德姆茲》。大河原老師製作的實物模型（請見P69），以及高橋監督的構想正巧契合得完美無缺，於是絕代軍武機體眼鏡鬥犬於焉誕生。

▲ATM-09-ST 眼鏡鬥犬。這是滿足了動畫用機械設計、軍武風格，以及角色個性這3大要素的傑作機體。

▲XATH-02 打擊鬥犬。相較於絕大多數的裝甲騎兵屬於通用機體一事，打擊鬥犬針對殲滅敵方部隊特化而成的設計顯得別具魅力。

▲出自《機甲界加利安》的鐵巨人加利安。變形為飛行形態的程序極為單純簡單。在腳掌兩側可確認到用於進行滾輪衝刺的車輪。

《蒼藍流星》是源自BANDAI方面提出「我們打算做被紫外線照射後會變色的塑膠模型，來製作一部將這點應用進去的機器人動畫吧」這個想法。由於打算以飛機為藍本，因此就根據自己曾在戰爭電影中看過的，駕駛員隔著座艙罩用手勢進行溝通的場面去延伸想像，於是便設計出了座艙罩與頭部整個連為一體的造型。可惜當時動畫流行把機器人的臉畫得小一點，再加上良輔兄在這部作品中格外講究營造出速度感，導致沒機會看到隔著座艙罩表現的演技。

不過這終究只是我個人實際看過動畫後的感受。畢竟我的工作並不涉及故事本身，僅在於透過設計機械建構出監督和導演所尋求的要素。像先前提到的《裝甲騎兵》那樣，由我主動提案的模式反而比較罕見，就算是《機甲界》和《蒼藍流星》，為了掌握住「製作團隊企求的要素為何」，我實際上也花了不少功夫。

──儘管這次想請教以高橋良輔監督作品為主的話題，不過還是請您先從監督本身的為人和軼事說起吧。

大河原：他為人大方，充滿了人性魅力，是個能自然而然地聚集志同道合者的人呢。之前曾發生過一件很有意思的事，在稻城市舉辦機械設計師高峰會（※2）時，我們和銀河萬丈先生一同參加了座談會，良輔兄當下是這麼說的：「我會和製作成員一起去喝酒，但與聲優（配音員）之間不會有超過工作範疇的來往。不然在為下一作品選角時可能就會有所偏袒，因此我從未和聲優一起去喝過酒」。他本身是一位很重視聲優的監督沒錯，但為了能做出更好的作品起見，他會確實地釐清行事的界線。畢竟包含製作團隊在內，要是自己周圍都是些唯唯諾諾的人，那麼作品只會淪為監督個人的私器。

良輔兄的本事就是能聚集到大量人才，並且讓他們可以在最佳環境中充分發揮能力，以結果來說，就是能造就規模比良輔兄個人器量更大的作品，而這也正是他的職場處事之道。如果欠缺人望也辦不到這點的，不僅如此，只要是對作品有益處的點子，不管是誰提出的，他也都會逐一採納。在機械設計方面，比起退稿叫人重畫，他會更著重於設法讓已定案的造型能在作品中展現魅力。畢竟當年SUNRISE機器人作品是採取「機械設計等同於製作商品已定案的作品」這種運作體制。即便如此，他也還是能具體地提出「我希望能呈現這樣的影像」等要求。

──據說眼鏡鬥犬的臉部設計多虧了高橋良輔監督提供點子呢？

大河原：沒錯。在為眼鏡鬥犬繪製草稿設計時，我便直接加上了屬於8mm攝影機的轉盤式鏡頭，這確實是良輔兄提供的點子。我原本也只是基於「要做兒童取向玩具的話，讓它能滑動行進可能比較好吧」，才會在腳底設置履帶，後來擔綱主任導演的瀧澤敏文則是在動畫裡將這部分昇華為滾輪衝刺。儘管在最初的設定中，該部位只有前進和停止的功能，但在動畫中蛇行的模樣實在太帥氣，後來也就把這個列為標準功能了。乘降姿勢、貫擊拳，以及拋殼等影像表現所需的點子，其實也是良輔兄和相關成員先想出具體方案，之後再落實到機械設計上的。

──大河原老師不僅擅長設計人型機械，即便是設計從螺絲到戰艦、汽車等各個領域也都有著活躍表現。如今也仍是走在時代尖端的創作家，而且在您身上也能感受到身為「工匠」的自豪呢。

大河原：身為一個能果斷地將機械設計師當作一介職業看待的人，我認為現今的機械設計師後進顯然過於著重在原創性上。這份差異或許源自於

※2　機械設計師高峰會：在大河原老師的出身地，亦為現今居住地稻城市會定期舉辦的座談會（2020年末舉辦）。
※3　彩繪人孔蓋：和紀念立像一樣，稻城市以大河原老師設計的角色為題材設置了彩繪人孔蓋。在2020年時已知有「鋼彈」「雙俠狗」「馬林艾斯」「眼鏡鬥犬」「稻城梨之助（稻城市官方角色）」這五種。

要求，並且據此設計出成果。

WORKS 3

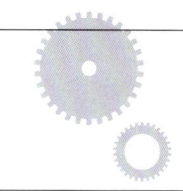

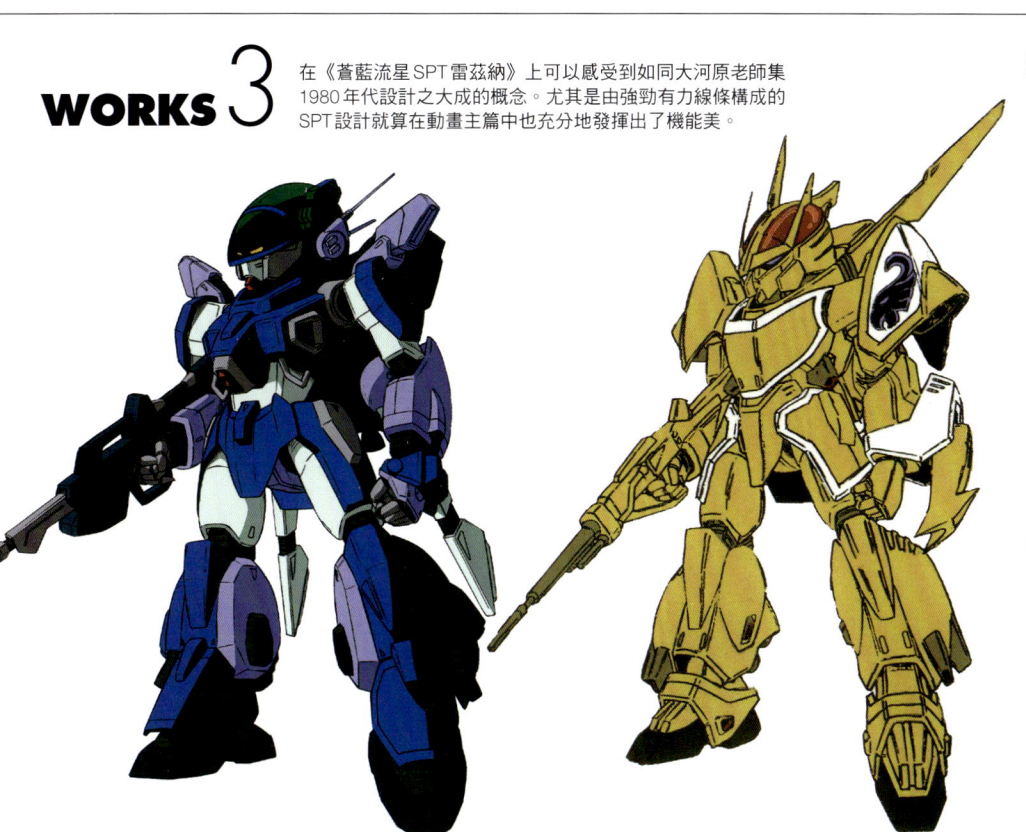

在《蒼藍流星SPT雷茲納》上可以感受到如同大河原老師集1980年代設計之大成的概念。尤其是由強勁有力線條構成的SPT設計就算在動畫主篇中也充分地發揮出了機能美。

主要作品列表（高橋良輔監督相關作品）

太陽之牙達格拉姆（1981）
裝甲騎兵波德姆茲（1983）
紀實檔案 太陽之牙達格拉姆（1983）
機甲界加利安（1984）
裝甲騎兵波德姆茲 最後的紅肩隊（1985）
蒼藍流星SPT雷茲納（1985）
裝甲騎兵波德姆茲 大決戰（1986）
蒼藍流星SPT雷茲納 ACT-Ⅲ「刻印2000」（1986）
機甲戰記龍騎兵（1987）
裝甲騎兵波德姆茲 紅肩隊記錄 野心的根源（1988）
機甲獵兵梅洛林克（1988）
魔動王（1989）
裝甲騎兵波德姆茲 赫奕的異端（1994）
勇者王我王凱牙（1997）
裝甲騎兵波德姆茲 佩爾森檔案（2007）
裝甲騎兵波德姆茲 幻影篇（2010）
裝甲騎兵波德姆茲 孤影再現（2011）
裝甲騎兵波德姆茲 絢爛的送葬隊伍（2016）

▲SPT-LZ-00X 雷茲納。頭部不僅具備會令人聯想到飛機的座艙罩，還設有一對會發光的眼睛，充分地營造出了屬於主角機的個性。

▲SPT-ZK-53U 薩卡爾。為了更具體地反映出故事後半的世界觀變動，因此有了這架與駕駛員本身個性更為契合的機體登場。

他們是基於個人志向進入這個業界的，而我則是順應時勢才以機械設計師為業。我剛開始工作時還不存在機械設計師這種職業，也沒有組成團隊一同工作的環境。請容我在這裡重述一次，我的工作就是盡力去理解監督有何要求，並且據此設計出成果。這也正是為何能夠遇到像《裝甲騎兵》這樣的作品會令我覺得寶貴萬分，畢竟我不僅見證了世界觀的建構，還能讓設計得充滿寫實感的機械大顯身手。

——您自1990年代起就將繪製設定圖稿的工具從鉛筆換成油性代針筆，請問契機何在呢？

大河原：一切始於《機動戰士鋼彈F91》（1991年於戲院上映）這部作品，畢竟必須將細節繪製到足以在大銀幕的特寫鏡頭中清晰地呈現才行。由於在遠景、中景裡活動時，線條其實會減少，因此我希望能先畫出將細節添加到極限的設計。如果像以前那樣把機器人畫成大塊狀的物體，那麼用鉛筆確實能展現出設計師的個性，但用深色鉛筆會難以描繪出緻密的細節。因此在那之後我就採取用鉛筆畫草稿，拿代針筆來完稿的形式，我直到現在也仍努力睜大眼睛在描繪呢。隨著歲月流逝，周遭的科技也有了改變，我也到了靠肉眼難以看清楚鉛筆那種黑色的年紀，在工作上也只好採取使用代針筆這種最佳方案來處理。

話說我明明不是插畫家，卻也被迫繪製了許多彩稿呢。一切源頭就在於電影版《機動戰士鋼彈》那時，我才正因為彩稿主要都是安彥良和老師在畫而鬆了一口氣，結果山浦先生就跑來跟我說「為了回饋機械迷，不管是什麼都好，你也來畫海報吧」（笑）。當時我手上還有許多來自書籍和動畫雜誌的畫稿委託案，而且《時光母艦》系列也還在繼續製作，導致我經常保持在手上有3～4件工作待處理的狀態。不僅如此，這些還全得由我一個人來畫才行，搞得我必須足不出戶，拚了命地熬夜進行繪製。年輕時還算撐得住，如今的我已經沒辦法再那樣做了。

——為了表彰您多年來的成就，稻城長沼車站前在2016年時設置了鋼彈和夏亞專用薩克Ⅱ的紀念立像，2017年時也新增設置了雙俠狗的紀念立像，在2020年3月時更是進一步設置了1／1眼鏡鬥犬的紀念立像呢。

大河原：之前我曾開玩笑地說過「那接下來就是眼鏡鬥犬囉」，結果還當真實現了呢（笑）。製作費用有5分之4來自東京都動畫內容產業振興觀光專案的補助金（譯註：剩下的5分之1是來自大河原老師捐贈），由於設置地點是市營的戶外公園，因此離鋼彈和夏亞專用薩克Ⅱ稍微有點距離呢。在散步途中看到時總會覺得它有點孤獨，希望日後能設置其他裝甲騎兵一同展示。話說《裝甲騎兵》迷大多都很懂規矩，明明只是很簡單地用欄杆圍住而已，大家卻都很遵守請勿觸碰的禮儀，僅站在一旁欣賞呢。

稻城市一路以來已經設置了鋼彈、夏亞專用薩克Ⅱ、雙俠狗、眼鏡鬥犬的紀念立像，儘管製作時我有針對最在意的部分提出過要求，但後續就交給經手立體造型的專家去詮釋了。畢竟光是能看到打造出紀念立像這件事，我就覺得幸福無比，每次映入眼簾時都能體會到自己的設計廣受眾人喜愛呢。稻城市為期5年的「機械設計師大河原邦男計畫」執行到這尊眼鏡鬥犬設置完成後，也就告一段落了。雖說尚未看到正式裝設彩繪人孔蓋（※3），但身為長久以來一直居住在稻城市的人，能為這個地方做出貢獻，是我的榮幸（笑）。

■在新冠疫情中……
　前一回為本單元執筆之際還是2月，當時完全沒想到新冠疫情會這麼嚴重。當初只覺得豪華郵輪裡怎會弄得那麼慘……後來則是自3月22日起在東京都內營運「AOSHIMA 合體機器人＆合體機具 包裝盒畫稿展」。但隨著確診人數每天都不斷地增加，該展覽才舉辦了一天就緊急結束。隔週更傳出志村健先生過世的消息，再來就是如同各位所知的，自4月16日起發布「緊急事態宣言」。萬萬想不到會演變成如此嚴重的狀況……
　我現在使用的辦公室離家裡很近，往返的通勤時間總共不到1小時。而且在發布該宣言後，共事的成員都能居家透過網路進行線上作業，辦公室裡只有我一個人在。也就是無論通勤途中或在辦公室裡都幾乎沒有確診的風險。話雖如此，才剛進入7月份，確診人數就暴增。不管怎麼說，60歲（快61歲了！）的我在世人眼中已算是高齡者，因此非得小心一點不可啊……
　總之，我今天也是一邊聽著廣播，一邊獨自在辦公室裡工作。

Shin Yashoku Cyodai
真・消夜分享
佐藤忠博　Tadahiro Sato
🌙★ 第6回
享受搭配3種沾醬的麵線

■在食慾不振的夏天何不吃吃看麵線呢？
　這次要做就算當成消夜吃也不要緊的「麵線」。以往多半都是下酒菜，但偶爾做些如同單元名稱所示的餐點也不錯（笑）。我個人最近很喜歡吃「中華風麵線」這款商品。儘管因為是麵線，所以麵很細，但顏色是中華麵。它很易於吞嚥，當成拉麵煮來吃也很相當美味。除此之外，還模仿山形美食「鍋撈烏龍麵」加入「鯖魚罐頭＋納豆＋麵味露」來吃。添加作為調味用的蔥、日本薑、生薑、青紫蘇等蔬菜也不錯，據說有助於預防夏季疲勞。
　這次除了準備一般的麵味露之外，還調出了咖哩風味和以番茄為底的西班牙冷湯風味沾醬搭配來吃。總之麵線不管搭什麼沾醬都很好吃，各位也請多方嘗試看看吧。
■名為預告的宣傳！
　話說受到新冠疫情影響，有許多活動都被迫中止或延期。繼去年之後，原本要在6月舉辦的「百年戰爭記」目前暫且延後至秋季。當初打算在該會場販售的商品是「超辣紅肩隊咖哩」。這名字取得超俗氣的，但原有用意是作為可以毫無顧忌地隨手買回家的紀念品。可惜我似乎已經相當習慣吃辣了，吃過後只有「咦，這當真算是超辣嗎？」的感想，在找了好幾個人試吃過後，總算調出了令我滿意的辣度和紅色。儘管受到諸多因素影響，必須等到入秋之後才有機會販售，但等到本期出刊時，應該已經進入生產階段了才是……希望如此啦。

佐藤忠博　1959年出生…曾擔任過HOBBY JAPAN月刊編輯長、電擊HOBBY MEGAZINE（KADOKAWA發行）的首任編輯長等職務，在模型玩具業界已有35年以上的資歷。現今從事自由業，目前主要是在HAL-VAL股份有限公司的事務所經手編輯、宣傳、企畫等工作。雖然是個人身分，但也能承接相關的委託案喔！

menu
享受搭配3種沾醬的麵線

❶一般沾醬
就是市售的麵味露而已（笑）。加入蔥、日本薑、生薑作為調味用，然後簡潔地沾來吃。這部分主要是拿來作比較用的。

❷咖哩風味沾醬
材料：碎雞肉、洋蔥、芹菜、市售管狀包裝大蒜、咖哩粉、香草調味鹽、麵味露。
做法：（1）將鍋子熱好後，將切碎的洋蔥和芹菜炒到軟。（2）加入碎雞肉拌炒均勻。（3）加入香草調味鹽的「黑胡椒口味」稍微拌炒，然後加水煮滾。（4）加入麵味露和咖哩粉來調味。喜歡辣一點的就多加些咖哩粉。再來只要放進冰箱冷藏即可。

❸西班牙冷湯風味自創沾醬
材料：番茄、洋蔥、芹菜、大蒜、香菜根、香草調味鹽、橄欖油、番茄醬、麵味露。
做法：（1）將切成適當大小的洋蔥、芹菜、大蒜和香菜根放入微波爐加熱2～3分鐘。（2）等到充分冷卻後，將（1）與番茄醬和其他材料裝進食物調理機中進行攪拌。（3）放進冰箱充分冷藏。等到要吃的時候可依據個人喜好添加香菜、萊姆檸檬，以及橄欖油之類的來調味。

Recipe

這次很罕見地沒有酒喔！（笑）麵線的用途很廣，不管搭配什麼沾醬都很好吃，做成炒麵也很美味。各位不妨向各種料理方式挑戰看看吧。

宣傳!!
這是預定秋季發售的「裝甲騎兵波德姆茲 超辣紅肩隊咖哩」，價格為800円（未稅），僅在活動會場和網路上販售。保存期限長達2年！可以當作緊急糧食使用呢……但僅限於不怕吃辣的人就是了。內含特別版卡片作為附錄。
發售商：HAL-VAL股份有限公司

咖哩醬真的很紅！這可是為了本商品而全新調配的咖哩醬喔。

名為編輯後記的 模型閒談

這期HJ科幻模型精選集抓准了時機暫別《鋼彈》，改以其他作品為主題。沒想到這麼快（？）就達成了夙願啊。因為特輯主題是身為擬真機器人動畫界經典的最高傑作《裝甲騎兵波德姆茲》。看到令人覺得硝煙嗆喉的各方砲灰好漢同台演出，不知各位感想如何呢。以第一次在本書登場的木村直貴為首，這次網羅了20件以上的AT範例。儘管可能有人認為「明明那架機體的範例都沒有」，但這方面我目前只能說敬請期待囉。

（文／HOBBY JAPAN編輯部 木村學）

裝甲騎兵模型果然很適合施加舊化！

這次為了配合拍攝特效照片和編輯內容所需，以及一般範例在內，我比往更加沉浸於裝甲騎兵模型中。一開始是做WAVE製1／35潛水甲蟲。這是採用全面塗裝的方式製作完成。儘管以施加舊化為前提將基本色塗裝得較明亮些，但即便是這樣，最後還是顯得很暗沉，這點得反省一下才行。我之前已經做過堆積如山的章魚（眼鏡鬥犬的暱稱）了，甲蟲倒是第一次做，因此製作起來挺開心的。再來是用簡易製作法來完成BANDAI製1／20眼鏡鬥犬的一般版。雖說是睽違多年才重新製作這款套件，但就算時至今日，「螺栓型卡榫」也還是很有意思。在對1／24肯恩製之精良感到瞠目結舌之餘，卻也苦於太過精緻，只好戴上HJ模型眼鏡來筆塗上色，直到眼睛疲勞不已才總算是完成了。第2件BANDAI製是俗稱「同類相殘」的眼鏡鬥犬Ⅱ。為了遲早會製作這架機體而囤著套件備用真是太好了（笑）。本期我就是像這樣在編輯與做模型雙方面都充分地享受了裝甲騎兵模型的世界。希望各位也親自嘗試看看喔！

▲▶這是在獸犬拍攝特效照片時作為對手的眼鏡章魚，還有作為狂戰士和紅頭冠搭檔的肯恩。兩者都是製作起來讓人開心不已的套件呢。

HJ MECHANICS

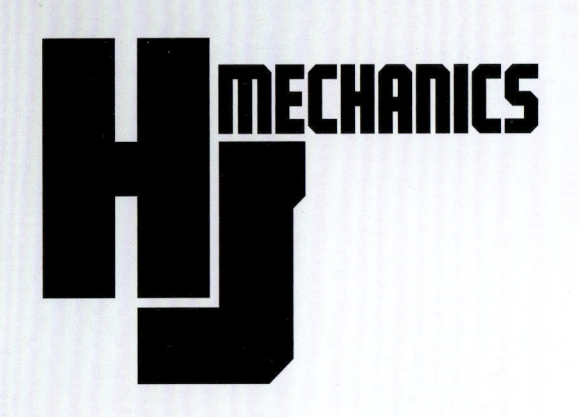

STAFF

企劃・編輯	木村 学
編輯	五十嵐浩司（TARKUS） 吉川大郎 河合宏之 加納遵
封面設計	木村直貴、NAOKI
封面模型攝影	河橋将貴（スタジオアール）
設計	株式会社ビィピィ
攝影	株式会社スタジオアール
協力	株式会社ウェーブ 株式会社BANDAI SPIRITS ホビーディビジョン 株式会社ボークス

HOBBY JAPAN MOOK 1022
HJ科幻模型精選集06

© SOTSU・SUNRISE
© HOBBY JAPAN
Chinese (in traditional character only) translation rights arranged with HOBBY JAPAN CO., Ltd through CREEK & RIVER Co., Ltd.

出版	楓樹林出版事業有限公司
地址	新北市板橋區信義路163巷3號10樓
郵政劃撥	19907596 楓書坊文化出版社
網址	www.maplebook.com.tw
電話	02-2957-6096
傳真	02-2957-6435
翻譯	FORTRESS
責任編輯	黃穫容
內文排版	謝政龍
港澳經銷	泛華發行代理有限公司
定價	520元
初版日期	2025年5月

國家圖書館出版品預行編目資料

HJ科幻模型精選集.06,裝甲騎兵模型樂趣無窮 / Hobby Japan 編輯部作；Fortress 譯. -- 初版. -- 新北市：楓樹林出版事業有限公司, 2025.05　面；公分

ISBN 978-626-7499-88-7（平裝）

1. 玩具 2. 模型

479.8　　　　　　　　114003807

©サンライズ　協力:協力:伸童舎